RECHERCHES SUR LES CAUSES CHIMIQUES

DE

LA DESTRUCTION

DES

COMPOSÉS HYDRAULIQUES

PAR L'EAU DE MER,

ET

SUR LES MOYENS D'APPRÉCIER LEUR RÉSISTANCE A CETTE ACTION;

DEUXIÈME ÉDITION, REVUE ET AUGMENTÉE,

PAR

L.-J. VICAT,

INSPECTEUR GÉNÉRAL DES PONTS ET CHAUSSÉES EN RETRAITE,
CORRESPONDANT DE L'INSTITUT.

MÉMOIRE COURONNÉ PAR LA SOCIÉTÉ D'ENCOURAGEMENT POUR L'INDUSTRIE NATIONALE

PARIS,

VICTOR DALMONT,

SUCCESSEUR DE CARILIAN-GOEURY ET Ve DALMONT,

LIBRAIRE DES CORPS IMPÉRIAUX DES PONTS ET CHAUSSÉES ET DES MINES,

QUAI DES AUGUSTINS, 49.

1858.

RECHERCHES SUR LES CAUSES CHIMIQUES

DE

LA DESTRUCTION

DES

COMPOSÉS HYDRAULIQUES

PAR L'EAU DE MER,

ET

SUR LES MOYENS D'APPRÉCIER LEUR RÉSISTANCE A CETTE ACTION;

DEUXIÈME ÉDITION, REVUE ET AUGMENTÉE,

PAR

L.-J. VICAT,

INSPECTEUR GÉNÉRAL DES PONTS ET CHAUSSÉES EN RETRAITE,
CORRESPONDANT DE L'INSTITUT,
MEMBRE HONORAIRE ÉTRANGER DE L'ACADÉMIE DES SCIENCES ET ARTS DE BOSTON,
COMMANDEUR DE LA LÉGION D'HONNEUR,
CHEVALIER DES ORDRES DE SAINTE-ANNE, DE L'AIGLE ROUGE
ET DES SAINTS MAURICE ET LAZARE.

(MÉMOIRE COURONNÉ PAR LA SOCIÉTÉ D'ENCOURAGEMENT POUR L'INDUSTRIE NATIONALE.)

Opus aggredior opimum casibus.
TACITE.

GRENOBLE,

MAISONVILLE, IMPRIMEUR, RUE DU QUAI, 8.

1858.

AVANT-PROPOS.

Nos premières recherches sur la cause de l'action destructive que l'eau de mer exerce sur la chaux des composés hydrauliques datent de 1844. Elles furent commandées par les graves accidents survenus aux travaux du port de Saint-Malo. Elles sont consignées dans la deuxième partie de l'ouvrage que nous avons publié, en 1846, sur les pouzzolanes artificielles et naturelles; mais, à cette époque, les données nous manquaient pour attaquer les principales questions que comporte la généralité du problème. Nous avons mis trois ans à nous les procurer, et seulement alors nous avons pu reconnaître toute l'étendue de la tâche qui nous restait à remplir, c'est-à-dire la nécessité de recommencer sur de nouveaux frais un travail impérieusement imposé par la variété même des faits recueillis.

Le Mémoire suivant, où sont exposés les résultats obtenus, était terminé en 1854 et pouvait, dès cette époque, être livré à l'impression, lorsque, cette même année, la Société d'encouragement pour l'industrie nationale mettait au concours la solution des deux questions suivantes :

1° Trouver un procédé qui permette de reconnaître, à la faveur d'expériences d'une exécution prompte et facile, les matières hydrauliques capables de résister à l'action de l'eau de mer, à l'état de repos et d'agitation.

2° Récompense à l'auteur des meilleures études sur les mortiers déjà employés ou destinés aux constructions à la mer.

Un prix de 2,000 fr. était affecté à chaque solution; la remise du Mémoire devait avoir lieu le 31 décembre 1854, et les prix, le cas échéant, être décernés dans la séance générale du 1ᵉʳ semestre de 1855.

Comprenant toute l'autorité que l'approbation de cette savante Société pouvait donner à notre travail, si elle l'en trouvait digne, nous n'hésitâmes pas à le soumettre à son examen, bien qu'aux termes du programme, il dût en résulter un an de retard pour la publication. Les travaux imposés à ses membres par l'exposition universelle retardèrent jusqu'au 6 août 1856 la délibération qui nous accorde les deux prix proposés; huit mois se sont écoulés depuis, sans qu'aucune notification officielle de cette mesure ait pu nous être communiquée : nous ne pouvons donc, à notre grand regret, donner place ici au rapport qui l'a motivée. Attendre plus longtemps serait abuser de la patience de ceux de nos camarades qui ont un intérêt pressant à connaître nos résultats.

Nous avons pu, toutefois, mettre à profit ce long délai, en complétant quelques expériences et en corroborant par là des résultats auxquels on aurait pu reprocher, peut-être, de n'avoir pas suffisamment reçu la sanction du temps; nous avons pu aussi simplifier nos premiers tableaux, en en retranchant tout ce qui n'aboutissait à aucune donnée utile ou essentielle, et enfin resserrer, autant que possible, le cadre de notre rédaction, sans nuire à l'ordre et à la clarté, si nécessaires en pareille matière.

Nous avons évité avec soin toute tentative de rattacher les faits observés à des théories douteuses sur la constitution chimique des combinaisons où interviennent simultanément les éléments essentiels de tout composé hydraulique : silice, alumine, chaux et, parfois, magnésie; théories sans danger, il est vrai, tant qu'on ne cherche pas à en déduire des règles pratiques sur la préparation et l'emploi de ces matériaux, mais pouvant, dans le cas contraire, donner lieu à des contre-sens fâcheux ou à des complications de main-d'œuvre impraticables en même temps qu'inutiles (1).

---

(1) MM. Rivot et Chatoney ont publié tout récemment un très-savant Mémoire sur les matériaux employés dans les constructions à la mer ; Mémoire où, s'appuyant sur les propriétés théoriques de la silice, de l'alumine et de la chaux, ils arrivent à admettre dans les divers composés hydrauliques en usage des combinaisons particulières entre la chaux et l'alumine, la chaux et la silice, et quelquefois entre les trois principes simultanément; d'où ils concluent, en vertu de certaines considérations sur le dérangement progressif par voie humide, après emploi, de l'ordre des combinaisons premières, dues à la voie sèche : « que pour obtenir des composés hydrauliques « durables, il en faut en préparer les matières de manière à ce que les combinaisons « chimiques qui doivent exister ultérieurement dans ces composés parvenus à un « état stable, soient achevées avant leur fabrication et qu'elles n'aient plus qu'à « s'hydrater au moment de l'emploi; ce à quoi on ne peut arriver, dans la plupart « des cas, que par *une digestion plus ou moins longue desdites matières sous l'in-* « *fluence de l'humidité.* »

C'est ainsi que les auteurs pensent « être parvenus, par de simples considérations

Nous nous sommes donc imposé la loi de ne marcher qu'appuyé sur des faits longuement observés, et si nous n'avions pu arriver par là à reconnaître comme moyen de salut pour nos travaux à la mer que l'isolement des composés hydrauliques du contact immédiat de l'eau salée, soit par les encroûtements spontanés de chaux carbonatée, soit par les végétations sous-marines et les sécrétions des mollusques,

---

« théoriques, à indiquer des précautions reconnues, disent-ils, *indispensables par la* « *pratique* et *probablement par les anciens.* »

Or, comme ces prescriptions sont données pour les travaux hydrauliques en eau de mer et en eau douce en même temps, on me permettra de faire remarquer, puisque MM. R. et C. n'en tiennent pas compte, qu'il y aura bientôt quarante ans qu'on emploie des mortiers hydrauliques, et vingt ans au moins que l'usage des ciments a commencé à se répandre ; que d'immenses travaux de maçonnerie en tout genre ont été exécutés et s'exécutent journellement sur tous les points de l'Europe, sans le secours des *digestions préalables,* et qu'aucune observation n'a, jusqu'à présent, démontré *l'indispensabilité* de ces précautions plus ou moins embarrassantes en pratique.

Que, dans certains cas exceptionnels, on se soit abstenu d'employer immédiatement de mauvaises pouzzolanes aujourd'hui abandonnées, pouzzolanes produites par la cuisson d'argiles chargées en carbonate de chaux et dans lesquelles l'extinction après coup de la chaux mise à nu par la cuisson pouvait produire des fendillements ; qu'on laisse s'éteindre avant l'emploi, dans certains ciments de Portland, qui ne sont autre chose que des chaux éminemment hydrauliques frittées, les parties qui, n'ayant pu arriver à ce point de cuisson, sont restées à l'état de chaux fusante, ces précautions se conçoivent ; mais le motif qui les commande n'a rien de commun avec la théorie de MM. R. et C. ; et quant à étayer cette même théorie de l'autorité des anciens, c'est une prétention qui ne soutient pas un instant l'examen, et qui, si elle pouvait se vérifier, serait la condamnation du système aux yeux des nombreux praticiens qui, ne croyant pas sur parole à l'excellence des mortiers antiques indis-

moyens qui ne sont et ne seront jamais, quoi qu'on fasse, à la disposition des ingénieurs, nous n'aurions pas hésité à proclamer l'art comme impuissant et à renvoyer, en désespoir de cause, à l'arbitrage de la mer elle-même pour la solution du problème.

Mais nous sommes fort heureusement parvenu à trouver des composés qui peuvent impunément braver le contact de l'eau salée, et

---

tinctement, les ont suffisamment étudiés pour pouvoir assigner la vraie cause de leur dureté dans certains cas et de leur médiocrité dans d'autres.

A dire vrai, MM. R. et C. conviennent qu'*ils n'ont pas trouvé l'indication de leur procédé dans les anciens auteurs; mais ils présument qu'il était très-probablement adopté par eux, puisque,* disent-ils, *pour les constructions terrestres* (sic), *Vitruve signale la nécessité de pratiquer l'extinction de la chaux plusieurs années d'avance.* Or, Vitruve n'a rien énoncé de pareil, et Belidor, à qui MM. R. et C. ont emprunté la citation, n'a pas indiqué la source où il l'a puisée. Vitruve, connu par son exactitude à ne rien omettre d'essentiel, n'eût pas passé sous silence une pratique si remarquable par les entraves et l'assujettissement qu'elle eût apportés aux constructions ; ce n'est qu'à propos des légers ouvrages en *stuc* qu'il recommande d'employer la chaux, non pas *après plusieurs années d'extinction*, mais après un temps assez long pour que toutes les parties en soient complétement éteintes et ne viennent pas, en travaillant après emploi, faire éclater les enduits. Cette recommandation, dans ce cas tout particulier seulement, prouve qu'on ne s'en préoccupait pas pour les grosses constructions; il suffit, en effet, d'examiner celles-ci pour se convaincre du *sans-façon* avec lequel les mortiers y étaient traités : les grumeaux de chaux y pullulent le plus souvent. Pline, il est vrai, rapporte dans les termes suivants une pratique d'extinction de la chaux, prescrite par une ancienne loi tombée en désuétude depuis fort longtemps : « In antiquarum ædium legibus invenitur : *Ne recentiore trima uteretur redemptor;* » et il ajoute : « Ideo nulla tectoria eorum rimæ fœdavere. » Il est de toute évidence que cette longue macération ne pouvait s'appliquer qu'à une chaux très-grasse, dans laquelle rien de semblable à ce qu'ont imaginé MM. R. et C. ne pouvait se passer en fait de réactions chimiques. Il n'était donc question que d'une

même en obtenir un surcroît de résistance, comme on le verra dans le cours de ce Mémoire.

Nous ne terminerons pas sans parler de la fondation par la Société d'encouragement, « d'un troisième prix de 10,000 fr. à décerner en 1865 à celui qui aurait découvert le moyen de fabriquer, avec des matériaux artificiels et d'un emploi économique, des *mortiers hydrau-*

---

précaution, exce-sive à dire vrai, pour la perfection des stucs intérieurs (*albaria opera*) que les Romains soignaient d'une manière toute particulière.

Je doute qu'il soit possible, d'ailleurs, d'invoquer comme conséquence de la *digestion préalable* des matières employées, la durée en mer des monuments hydrauliques romains, *qui, depuis des siècles, n'existent plus;* et tel est le cas des môles et autres travaux des ports fondés à cette époque, travaux dont il ne reste que d'informes et rares débris visibles parfois sous l'eau en divers points du rivage qui s'étend de Naples à Civita-Vecchia. On m'opposerait en vain deux ou trois exceptions qui se présentent en faveur de monuments dont l'immersion n'a eu lieu que par suite de l'abaissement du sol, plusieurs siècles après leur construction et leur séjour à l'air, où leurs mortiers ont pu se pénétrer profondément d'acide carbonique et devenir par là insensibles à l'action saline : telles sont les parties baignées des temples de Sérapis, à Pouzzoles, et de celui qu'on attribue à Neptune et aux Nymphes, au nord-ouest du premier. Il est véritablement fâcheux que, pour étayer un système, on essaie de ressusciter encore cette vieille fable du secret des Romains pour la confection des mortiers, après tant et de si concluantes raisons par lesquelles Arago en a fait justice en 1845. (Voir son rapport à la chambre des députés, inséré dans l'*Annuaire du bureau des longitudes* pour 1846.)

Soit donc qu'on interroge les anciens auteurs, soit qu'on étudie les constructions modernes qui datent de l'emploi des mortiers hydrauliques et des ciments ordinaires, on ne peut en tirer aucune conclusion qui motive l'application, comme *nécessaire,* des nouveaux procédés proposés; la pratique les repousserait probablement comme trop gênants, et, dans tous les cas, ne s'engagerait dans cette voie nouvelle qu'après avoir demandé à l'expérience la mesure de ce qu'elle pourrait y gagner. Il serait

liques capables de résister complétement à l'action de la mer pendant dix ans au moins. »

Or, la Société d'encouragement n'a pu vouloir restreindre aux composés désignés sous le nom de mortiers, c'est-à-dire à des agrégats de chaux et de sable, l'intention de son programme, dont la rédaction, s'il est maintenu, devra nécessairement être modifiée, en substituant

---

même possible que la réponse fût négative, et ce ne serait pas la première fois que les faits viendraient infirmer des théories d'ailleurs très-savantes et en apparence très-plausibles.

Ce qui, en l'état, m'autorise à croire la chose possible, c'est le souvenir des nombreuses expériences que j'ai suivies, depuis trente ans, sur l'influence des divers modes d'extinction et d'emploi de la chaux, soit dans ma pratique, soit dans celle d'un grand nombre d'ingénieurs. Il est, en effet, très-remarquable que les méthodes de fabrication de mortiers à pouzzolanes prescrites par Belidor et invoquées par MM. R. et C. à l'appui de leur système, méthodes qui consistent à rebattre le lendemain et plus tard les mélanges préparés d'avance, soient précisément celles qu'après des essais comparatifs entrepris dans l'intérêt de la fondation du troisième bassin de radoub, à Toulon, M. Noël, directeur des travaux hydrauliques, à qui cette fondation était confiée, s'est vu obligé d'abandonner. Cet habile ingénieur, aujourd'hui inspecteur général des travaux maritimes, nous écrivait, le 5 avril 1841, « qu'il avait reconnu qu'il n'y avait rien à gagner à rebattre les mortiers après 24 heures; que cette pratique lui paraissait même avoir été nuisible. » Remarquons, toutefois, qu'engagé dans la mauvaise voie qui consistait, d'après Belidor, à former un bassin avec le sable et la pouzzolane employés, à y jeter la chaux vive et l'eau, et à brasser le tout pendant une heure seulement, il fallait bien, pour se tirer de là, rebattre ce mélange le lendemain et quelquefois plus tard, pour lui rendre l'homogénéité détruite à la suite de l'extinction des parties de la chaux incomplétement réduite la veille. Mais aussi, pourquoi s'engager dans cette voie? pourquoi n'avoir pas à sa disposition de la chaux grasse parfaitement éteinte à l'ordinaire depuis plusieurs jours? Et quant à MM. R. et C., pourquoi, en opposi-

au mot *mortier* la désignation générale de *composés hydrauliques*, et en ajoutant à la clause de dix ans de durée celle d'une expérience faite *en divers ports de l'Océan et de la Méditerranée* simultanément.

Pour nous, le problème est, dès ce moment, résolu aussi généralement et complétement que possible, par l'emploi d'une classe particulière de pouzzolanes et de ciments artificiels.

---

tion à ce qui s'est pratiqué à Toulon en dernier lieu pour une des constructions hydrauliques les plus remarquables des temps modernes, aller chercher des exemples dans Belidor? Que diraient-ils d'un auteur qui opposerait à l'autorité de nos chimistes contemporains celle des prédécesseurs de Lavoisier?

(Voir, pour la réfutation de l'opinion qui prête à Vitruve et aux anciens la pratique du système des *digestions*, la traduction et les notes de Maufras, liv. II, p. 157; liv. V, p. 511, et liv. VII, p. 125, édition Panckouke, de 1848.)

NOUVELLES ÉTUDES

DE

L'ACTION DE L'EAU DE MER

SUR LES DIVERS COMPOSÉS HYDRAULIQUES CONNUS.

PREMIÈRE PARTIE.

RECHERCHES SUR LA CONSTITUTION ET LES PROPRIÉTÉS PARTICULIÈRES DES

SILICATES HYDRATÉS D'ALUMINE ET DE CHAUX

CONNUS DANS L'ART DE BATIR SOUS LES NOMS DE CHAUX HYDRAULIQUES, CIMENTS ET GANGUES A POUZZOLANES, RELATIVEMENT A LEUR CONTACT AVEC L'EAU, L'ACIDE CARBONIQUE ET LES SELS MAGNÉSIENS.

ÉTUDES PRÉLIMINAIRES.

Jusqu'à présent, l'étude de ces composés a consisté bien moins en investigations chimiques approfondies, qu'en expériences de chantier. On a bien reconnu, il est vrai, que les phénomènes de durcissement résultant des divers modes de préparation et d'emploi généralement admis doivent être la conséquence d'une combinaison chimique entre les éléments mis en présence ; mais on ne s'était pas encore bien rendu compte de toutes les modifications que peuvent amener, selon les circonstances, les influences diverses sous lesquelles de telles combinaisons se trouvent placées.

La nécessité de nouvelles recherches a été commandée surtout par l'état fâcheux où se sont trouvés et se trouvent encore certains travaux à la mer, qui, à peine terminés, menacent ruine; état dont les malfaçons ordinaires ne sauraient rendre compte, et qu'un examen attentif, aidé du secours de l'analyse, a démontré être le résultat d'une action chimique de l'eau de mer sur l'une des bases des silicates employés.

En partant de cette observation et de quelques exemples, on a été autorisé à croire d'abord que tous les silicates de ce genre n'étaient pas attaquables par l'action saline, et à procéder en conséquence à certaines classifications empiriques; mais de nouveaux faits sont venus bientôt jeter des doutes sur la certitude de ces appréciations. On a vu l'eau de mer libre respecter, pour un certain temps, des composés qui périssaient en quelques mois dans des bassins du laboratoire remplis de la même eau. On a vu cette action de la mer libre produire, sur certains points de notre littoral, des effets inobservés sur d'autres; la même action, suspendue en apparence pendant plusieurs années, se déclarer tout à coup avec une intensité effrayante et entraîner en peu de temps la ruine des maçonneries qu'elle semblait avoir respectées jusqu'alors, etc., etc. Tels sont les faits singuliers et inquiétants dont l'art de bâtir demande une explication aux sciences chimiques, afin de prévenir le renouvellement de désastres qui coûtent déjà plusieurs millions au trésor, explication qui a provoqué les études et les expériences objet du mémoire suivant.

ROLE DE L'ACIDE CARBONIQUE DANS LES MORTIERS ET AUTRES COMPOSÉS HYDRAULIQUES OU LA CHAUX INTERVIENT.

1. — Si les mortiers pouvaient être exactement soustraits à toute influence extérieure, l'analyse n'y trouverait, n'importe à quelle époque, que les éléments mêmes qui ont concouru à leur confection ; mais il n'en est plus ainsi quand on examine des mortiers qui ont durci en plein air ou sous terre, ou dans l'eau : le principe nouveau introduit après coup, et que l'analyse met en évidence, c'est l'acide carbonique ; comment s'introduit-il, jusqu'où s'étend son action, quelle influence exerce-t-elle sur leur dureté, sur leur durée, etc.? Telles sont les premières questions qui se présentent.

Nous avons passé en revue les analyses données par John de Berlin, de plusieurs mortiers anciens et antiques, depuis 100 jusqu'à 1800 ans d'âge, et fonctionnant en plein air ; mortiers présumés à chaux grasse par la faible quantité de silice et d'alumine solubles qu'ils contenaient ; or, d'après ces analyses, les quantités d'acide carbonique trouvées ont varié des 3/5 aux 4/5 inclusivement, de ce qui serait nécessaire à la saturation neutre de la chaux.

D'autres mortiers réputés hydrauliques, en ce sens qu'ils avaient constamment séjourné sous l'eau ou sous une terre humide, ont fourni au même chimiste des quantités d'acide carbonique variables entre des limites bien plus étendues, et qui quelquefois n'ont pas atteint le 1/5 de ce qu'aurait exigé la formation du carbonate neutre. Mais on trouvait dans ces mortiers des quantités assez notables de silice soluble, et par conséquent en combinaison avec une partie de la chaux.

Il ne faudrait pas attacher trop d'importance à ces dosages d'acide carbonique, attendu l'impuissance où se trouvait John, de connaître l'état plus ou moins caustique des chaux au moment de leur emploi, et la nature des sables qui, quoique généralement quartzeux, pouvaient bien contenir des parcelles calcaires.

Ces données, quoique empruntées à un chimiste d'une haute réputation, ne nous dispensaient pas de constater par nous-même cette variation de quotité de l'acide carbonique dans divers mortiers : les résultats obtenus sont consignés au tableau suivant, où la chaux totale de chaque mortier est prise pour unité.

COMPOSITION DES MORTIERS.	MILIEU où les mortiers ont durci.	AGE des mortiers.	QUANTITÉS de chaux neutralisable par l'acide carbonique contenu.
Sable quartzeux et chaux du Theil...	Sous mer libre..........	5 ans.	0,176
Sable et chaux hydraulique ordinaire (1)	En plein air...........	10 ans.	0,817
Sable et chaux grasse ordinaire......	Sous terre fraîche......	200 ans.	0,556
Sable pouzzolane et chaux grasse.....	Sous mer, à Cherbourg.	48 ans.	0,393
Sable traass et chaux grasse.........	*Id.* *Id*......	*Id.*	0,291
Gangue de bétons du port de Toulon..	Sous mer libre..........	10 ans.	0,383
Id. du port de Cannes.........	*Id*............	14 ans.	0,488
Parties superficielles du précédent....	*Id*............	*Id.*	0,860
Parties superficielles d'un mortier hydraulique........................	En plein air............	10 ans.	La totalité.
Gangue à pouzzolane et chaux grasse tirées du soubassement d'un temple antique, à quatre lieues de Civita-Vecchia........................	Sous mer libre, après avoir été pendant un temps inconnu à l'air.	1800 ans au moins	0,767
Gangue à pouzzolane et chaux grasse tirées des blocs sous-marins des môles antiques du port de Pouzzoles......	Constamment sous mer libre.	2500 ans au moins	0,700

(1) Le cas marqué * appartient à une tranche presque superficielle fort mince.

2. — Dans les deux derniers exemples, les portions de chaux non carbonatées appartiennent constitutivement aux pouzzolanes du Vésuve, employées par les anciens ; elles n'ont pu, conséquemment, être distraites de leurs combinaisons par l'acide carbonique ; d'où il suit que

véritablement toute la chaux introduite pour former les gangues a passé à l'état de carbonate neutre.

De ces données et de beaucoup d'autres (*a*), qui se présenteront dans la suite, on devra conclure :

1° Que l'état intérieur d'un mortier quelconque , avec ou sans pouzzolane, relativement à la quantité d'acide carbonique contenue, n'est qu'un état transitoire, tant que la chaux n'y est pas complétement carbonatée, c'est-à-dire à l'état neutre, état variable non seulement dans les mortiers diversement composés, mais encore dans les divers points d'une même masse de mortier, selon la nature des milieux et sa position dans ces milieux.

2° Que l'état final vers lequel tend l'état transitoire, sous l'influence des intempéries ou d'une humidité autre que celle qui constitue l'état hygrométrique de l'atmosphère en lieu couvert, est celui de la complète régénération de la chaux en carbonate neutre qu'il s'agisse de mortiers à chaux grasse ou à chaux hydraulique, l'acide carbonique pouvant, dans les circonstances spécifiées, déplacer la chaux artificiellement combinée avec la silice et l'alumine (*b*).

Cet état final peut, à dire vrai, n'arriver jamais, à raison des obstacles fortuits ou autres, surtout au sein des gros massifs.

Nous n'avons aucun moyen de constater le mode de distribution de

---

(*a*) La composition des deux mortiers antiques qui terminent le tableau ci-dessus sera reproduite plus tard, avec d'autres exemples, pour l'intelligence des effets de l'action saline aidée du temps.

(*b*) Une chaux grasse éteinte à l'air et à couvert, par une exposition de plusieurs mois, ne prend finalement que de 26 à 27 parties d'acide carbonique et de 10 à 11 parties d'eau pour 64 et 63 parties de chaux caustique; elle se constitue donc en hydrocarbonate basique, lequel est très-peu stable, et se transforme dans une quantité d'eau pure suffisante, partie en chaux soluble, partie en carbonate neutre, qui se précipite. L'état de cette chaux, spontanément éteinte, ne peut évidemment être assimilé à celui de la chaux des mortiers dans lesquels l'acide carbonique est insuffisant pour la neutralisation complète.

l'acide carbonique dans un mortier dont toute la chaux n'est pas à
l'état neutre ; mais il est facile de reconnaître les points où cette chaux
est, ou en totalité ou en partie, soluble, en y appliquant, après les
avoir mouillées, de petites bandes de papier bleu réactif, faiblement
rougi à la vapeur chlorydrique ; ce papier sera ramené au bleu partout
où il y aura de la chaux libre, et restera rouge partout où elle sera
neutralisée, soit par l'acide carbonique, soit par la silice.

3. — Les faits restant les mêmes de quelque manière que l'on con-
çoive la distribution dont il s'agit, nous n'avons pas à nous en préoccuper davantage ; nous devons seulement insister sur ce point, savoir:
que toutes les fois que la quantité d'acide carbonique contenue dans
un mortier, soit à chaux grasse, soit à chaux hydraulique, ne suffit
pas à en neutraliser toute la chaux, l'eau pure a le pouvoir de dissoudre une grande partie de celle qui est en dehors de l'état neutre, ainsi
que le démontre l'expérience.

L'intervention de l'acide carbonique a, dans tous les cas, pour effet
de diminuer la solubilité des mortiers, proportionnellement à ses progrès du dehors au dedans, et d'en augmenter considérablement la
cohésion.

EFFET D'UNE DISSOLUTION ÉTENDUE DE SULFATE DE MAGNÉSIE SUR LES MORTIERS RÉDUITS EN POUDRE IMPALPABLE.

4. — La suite expliquera le but de cette recherche. On sait que l'acide
sulfurique a plus d'affinité pour la chaux que pour la magnésie : c'est
un fait chimique qu'il faut accepter ; cela étant, on a pris pour exemples trois des mortiers qui ont servi aux expériences de la section
précédente ; chacun d'eux a été réduit en poudre fine passée au tamis
de soie, et noyé, sous cette forme pulvérulente, dans une abondante
dissolution de sulfate de magnésie, tenant quatre parties de sel

anhydre (c) pour mille parties d'eau pure. Il s'est bientôt formé dans cette dissolution, renouvelée à mesure qu'elle se dépouillait de son sel, un magmas gélatineux, composé en partie de magnésie et en partie de silice et d'alumine, enlevées à leur combinaison avec la chaux, celle-ci se trouvant alors à l'état de sulfate dissous dans le liquide. Les matras contenant les dissolutions étaient, pendant la durée des expériences, hermétiquement clos, pour interdire tout accès à l'acide carbonique.

Après l'épreuve, quand la dissolution magnésique renouvelée cessait de se troubler par l'oxalate ammonique, on lavait les résidus à l'eau pure pour les débarrasser des parties solubles, après quoi on les analysait.

Ainsi traité, le mortier à chaux du Theil, ayant séjourné pendant cinq ans sous mer libre, et qui tenait alors 148 parties de chaux caustique pour 100 parties de sable, de silice, d'alumine et de magnésie, ne donnait plus, pour cette même quantité de principes fixes, que 6,37 parties de chaux soustraite, par l'acide carbonique du mortier, à l'action du sulfate de magnésie.

Le mortier à chaux grasse, de 200 ans d'âge, traité de la même manière, n'a conservé tout juste que la quantité de chaux pouvant être neutralisée par l'acide carbonique qu'il contenait.

Il en a été à très-peu près de même du mortier hydraulique âgé de 10 ans.

5. — Il résulte de ces expériences que tout mortier, hydraulique ou non, quels qu'en soient l'âge et la dureté, et quel que soit le milieu

---

(c) Les quatre parties de sulfate magnésique anhydre sont représentées moyennement par huit parties de sel cristallisé ; mais comme le degré de siccité des cristaux n'est pas invariable, il est bon de s'assurer préalablement de la quantité d'eau qu'ils contiennent, ce qui n'offre aucune difficulté, et l'on partira de là pour régler le dosage à 4 parties anhydres.

où il a durci, étant exposé en poudre impalpable à l'action suffisamment prolongée d'une dissolution étendue de sulfate magnésique, y abandonne toute ou à peu près toute la chaux qui excède la quantité qu'est capable de neutraliser l'acide carbonique contenu dans ce même mortier. Cette neutralisation s'effectue dans le cours de l'expérience même, c'est-à-dire dans le bain magnésique.

ACTION DE L'ACIDE CARBONIQUE ET DE L'EAU SUR LES CIMENTS MIS EN ŒUVRE.

6. — Les ciments hydrauliques, si improprement nommés *ciments romains*, sont, comme on le sait, des silicates doubles d'alumine et de chaux, ou peut-être des silicates et des aluminates de cette base, mêlés accidentellement de sables, de peroxyde de fer et de magnésie en petite quantité; il peut s'y trouver accidentellement aussi quelques centièmes de sulfate de chaux, provenant soit des sulfures contenus dans les marnes à ciments, soit des vapeurs dégagées par les combustibles employés.

La dose de chaux peut y varier de 110 à 237 pour 100 d'argile pure (silice et alumine, et magnésie s'il y en a). L'acide carbonique se porte sur la chaux de ces silicates comme sur celle des mortiers, et y produit des modifications analogues, avec les mêmes tendances à la neutraliser en entier, en laissant l'argile en dehors. Voici deux faits très-significatifs à l'appui :

Un ciment de Pouilly, mis en œuvre depuis dix ans, pour former la chape d'une casemate au bastion de la porte Saint-Laurent, à Grenoble, et ayant séjourné pendant tout ce temps sous une terre fraîche, rapportée et imprégnée d'acide carbonique, s'est trouvé contenir, sur 100 parties privées d'eau au rouge sombre, savoir :

Acide carbonique............	15,50	
Chaux caustique.............	20,72	100
Résidu argileux.............	63,78	

Or, les 15,50 parties d'acide carbonique pouvant régénérer complétement en carbonate 19,73 parties de chaux, il est certain, eu égard aux petites erreurs que comporte toute analyse, que la totalité de la chaux de ce ciment était à l'état neutre, ce qui s'explique par l'état très-poreux et par la faible épaisseur de la chape, et implique d'ailleurs la nécessité de la décomposition du silicate double d'alumine et de chaux, pour ramener l'état chimique du ciment à celui du calcaire marneux dont il est provenu, c'est-à-dire à un carbonate de chaux intimement mêlé d'argile.

Ce résultat imprévu méritait, par son importance, une confirmation empruntée à un autre ciment. On s'est procuré, en conséquence, une certaine quantité de parties superficielles, râclées sur un ciment de Grenoble employé depuis 6 à 7 ans, en tablettes et balustres, et exposé en plein air à toutes les intempéries, et on y a trouvé, savoir :

Eau	16,24	
Acide carbonique............	19,00	100
Chaux caustique.............	24,39	
Résidu argileux	40,37	

Or, la quantité d'acide carbonique nécessaire à la saturation des 24,39 parties de chaux étant de 19,16, l'évidence de cette saturation est palpable, et les conclusions prises à l'égard du ciment de Pouilly viennent s'appliquer, avec la même rigueur, au ciment de Grenoble, et autoriser la généralisation du fait observé sur le retour des ciments à l'état initial des marnes dont ils dérivent, état chimique, bien entendu, et qui peut, sous les rapports de dureté et d'aspect, offrir, dans un sens ou dans l'autre, de grandes différences. On verra dans la suite les mêmes faits se reproduire sur les ciments en contact avec l'eau de mer.

7. — La transformation dont il s'agit s'effectue assez rapidement sur les parties superficielles en contact permanent avec l'eau ou avec une terre humide; les pluies lui sont également favorables, mais

elle arrive difficilement et très-tard sous les mêmes influences, au centre des masses d'un fort volume, surtout quand les ciments ont acquis, par suite d'une bonne manipulation, une grande densité. Il est évident que le progrès intérieur de l'acide carbonique doit marcher en raison directe de la porosité du ciment. Malheureusement, la cohésion suit l'ordre inverse.

On se rend compte de l'état de la chaux dans un ciment, par le papier réactif, comme il a été dit (2), pour les mortiers. Tout ciment dans lequel l'acide carbonique n'est pas en quantité suffisante pour neutraliser la chaux, en abandonne une notable quantité, lorsque, après l'avoir réduit en poudre impalpable, on le traite par l'eau distillée.

On n'oubliera pas qu'il s'agit ici des ciments mis en œuvre depuis longtemps, et non des ciments vifs ou fraîchement gâchés.

EFFET D'UNE DISSOLUTION ÉTENDUE DE SULFATE DE MAGNÉSIE SUR LES CIMENTS.

8. — Les ciments préparés pour ces expériences avaient durci pendant plusieurs mois sous un sable frais. On les dépouillait au moyen d'un acide étendu de la très-mince couche atteinte par l'acide carbonique, puis on les broyait à fond dans un mortier, jusqu'à consistance de bouillie très-claire, avec la dissolution magnésique elle-même. On décantait ensuite successivement cette bouillie, en ne laissant s'écouler superficiellement que les parties suspendues, afin de n'avoir à opérer que sur la matière réduite à l'extrême division mécanique. En cet état, elle était introduite dans un matras à capacité suffisante pour être noyée dans une abondante dissolution, préparée comme pour les mortiers (4).

Les matras étaient ensuite parfaitement clos pour interdire tout accès à l'acide carbonique, puis fréquemment agités, et les dissolutions renouvelées tant qu'elles se troublaient par l'oxalate ammonique. Finalement, on lavait les dépôts à l'eau pure. Ces opérations n'ont pas duré moins de six mois, sur des quantités de ciment d'une dizaine de grammes pour chacun. Tous les ciments essayés passaient, par suite de l'action du sel magnésique, à l'état gélatineux. Quelques-uns, sous cette forme, devenaient si légers que leurs flocons suspendus remplissaient presque toute l'étendue du liquide.

L'examen analytique des ciments ainsi modifiés a mis en évidence d'énormes pertes de chaux passées à l'état sulfaté; on s'en fera une idée exacte par les fractions qui expriment ce qui en est resté pour chacun d'eux, leur chaux totale étant prise pour unité, savoir :

Pour le ciment de Boulogne............	0,2128
— de Cahors..............	0,1690
— de Vitry-le-Français.....	0,1338
— de Guetary	0,1208
— de Portland.............	0,0588
— de Grenoble............	0,0501

Nous avons vainement cherché à établir des rapports entre ces résultats et la constitution chimique particulière de chaque ciment. On entrevoit cependant, en se reportant aux analyses de chacun d'eux, que ce sont les plus chargés en chaux qui en perdent le plus. Mais ce qui ressort de toute évidence de ces essais, c'est la puissance décomposante d'une si faible dissolution de sulfate de magnésie.

ÉTUDE SUR LES GANGUES A POUZZOLANES ET CHAUX GRASSES.

9. — Pour donner aux investigations annoncées sous ce titre toute l'autorité et la généralité possibles, nous avons opéré en même temps sur les variétés les plus connues des pouzzolanes volcaniques et sur diverses pouzzolanes artificielles préparées par le mode de cuisson que nous avons appelé *normal*, dans un traité spécial sur la matière.

Ainsi, la pouzzolane volcanique par excellence, tirée des fouilles de Saint-Paul, près de Rome; les pouzzolanes brunes et grises du Vésuve, célébrées par Pline et Vitruve; celle des bords du Rhin, connue sous le nom de traass; celle que l'on a commencé à exploiter dans ces derniers temps à Bessan, dans le département de l'Hérault, et ensuite, comme produits artificiels, celles que fournissent les argiles pures réfractaires, quelques argiles ocreuses et quelques terres à brique, ces pouzzolanes diverses ont été prises pour sujet des essais, afin d'écarter, autant que possible, les cas fortuits et les anomalies produites par des compositions exceptionnelles.

Jusqu'alors aucune épreuve rationnelle, basée sur la puissance des affinités, n'avait été tentée pour s'assurer de la quantité de chaux dont peut naturellement se saturer une pouzzolane quelconque, amenée au plus grand degré de ténuité que puisse produire une action mécanique. Or, c'est par là que nous avons dû commencer : nous avons donc délayé, dans une quantité convenable d'eau de chaux chimique, nos pouzzolanes ainsi préparées, et placé le tout en macération dans des matras hermétiquement clos. Cette eau, essayée de temps en temps par l'oxalate ammonique, était renouvelée toutes les fois que ce sel n'y produisait ni précipité ni trouble, et pour arriver au terme de saturation il n'a pas fallu moins de six mois pour chaque pouzzolane.

10. — Les phénomènes observés pendant ce laps de temps sont remarquables : les pouzzolanes restent pendant les trois ou quatre premiers jours qui suivent leur immersion en eau de chaux, sous forme d'un dépôt boueux au fond du matras. Ce dépôt, vers le quatrième ou cinquième jour, commence à foisonner en prenant une consistance semi-gélatineuse; mais à mesure que le temps marche, le foisonnement augmente et devient tel après deux mois, pour toutes les pouzzolanes volcaniques, que les flocons, passant à l'état gélatineux, nagent et restent suspendus dans le liquide dont ils occupent toute l'étendue; et en cela ils se montrent plus légers que les précipités alumineux ou siliceux produits par les réactifs dans leurs dissolutions

chlorydriques. Les pouzzolanes artificielles se comportent de la même manière, à cela près que leur foisonnement n'arrive pas tout à fait à la même légèreté.

Si la combinaison chimique de la chaux et des pouzzolanes n'était pas un fait acquis et accepté par la science, les phénomènes précédents le mettraient dans la plus grande évidence.

Les résultats obtenus à la suite de cette macération des pouzzolanes dans l'eau de chaux, sont résumés dans le tableau suivant :

DÉSIGNATION DES POUZZOLANES.	QUANTITÉ DE CHAUX prise à l'eau de chaux et rapportée	
	à 100 parties de pouzzolane telle quelle.	à 100 parties du silicate alumineux seulement.
Pouzzolane de Rome.............................	16 000	23 81
Pouzzolane brune de Naples..................	9 764	10 28
Pouzzolane grise de Naples...................	7 300	12 69
Traass des bords du Rhin.....................	8 212	13 24
Pouzzolane de Bessan (Hérault)...............	8 870	16 36
Pouzzolanes artificielles		
d'argile ferrugineuse d'Alger.................	11 900	18 33
d'argile ocreuse très-fine.....................	27 450	30 68
d'argile réfractaire du Cher...................	11 52)	18 30
d'argile presque pure........................	13 527	16 66
de la même, diminuée d'alumine..............	18 820	18 82
Id. diminuée davantage	22 700	22 70
Id. diminuée davantage	32 010	32 01
Id. diminuée davantage..............	43 760	43 76
Substances exclusivement siliceuses		à 100 parties des substances exclusivement siliceuses.
tirée d'une argile très-pure par l'acide sulfurique bouillant...............................	44 010	44 01
Silice gélatineuse calcinée....................	61 600	61 60
La même, simplement desséchée..............	76 000	76 00

11. — Ce n'est que six mois après leur immersion en eau de chaux que les poudres pouzzolaniques parviennent, ainsi qu'on l'a dit, à leur

saturation par cette base. L'analyse des magmas gélatineux obtenus après ce laps de temps a pu, étant comparée à la composition de chaque pouzzolane, fournir les rapprochements du tableau ci-dessus, desquels il résulte : qu'à raison des différences qui existent 1° entre les quantités de silicates contenues dans les diverses pouzzolanes ; 2° entre les compositions particulières de ces silicates en silice et alumine ; 3° et enfin entre les cohésions chimiques qui les rendent plus ou moins facilement attaquables par les réactifs, par ces différences, disait-on, chaque pouzzolane possède une capacité différente aussi pour la chaux, capacité qui semblerait demander un dosage spécial relatif à chacune d'elles, quand il s'agit de confectionner ce que nous appelons des *gangues pouzzolaniques*. Nous verrons par la suite quelles conséquences pratiques il faut tirer de cette observation. Remarquons avec quelle rapidité les quantités de chaux de saturation croissent pour des pouzzolanes devenant de plus en plus siliceuses, jusqu'à la limite où l'alumine manque complétement.

EFFET DE L'EAU PURE SUR LES GANGUES A POUZZOLANES ET CHAUX GRASSES PORPHYRISÉES.

12. — Il était important de comparer les quantités de chaux de saturation de quelques pouzzolanes avec celles que les mêmes pouzzolanes neutralisent dans les gangues confectionnées selon les dosages ordinaires, non pas grossièrement comme sur les chantiers, mais comme elles doivent l'être quand il s'agit d'expériences précises et concluantes.

Pour cette comparaison, nous avons choisi cinq gangues ayant six mois d'âge sous sable frais, et étant ainsi très-voisines du terme de leur cohésion finale. Elles ont été réduites en pâte molle d'une grande finesse par la pulvérisation et la molette, après avoir été dépouillées des parties superficielles atteintes par l'acide carbonique, puis noyées dans une grande quantité d'eau pure enfermée hermétiquement dans les matras où cette eau était successivement renouvelée jusqu'à ce qu'elle ne se troublât plus par l'oxalate ammonique, ce qui a duré de cinq à six mois. L'analyse des résidus a donné les résultats consignés au tableau suivant :

DÉSIGNATION des pouzzolanes introduites dans les gangues.	QUANTITÉ de chaux donnée à 100 parties de pouzzolane pour former les gangues.	PARTIES de chaux restées dans chaque gangue aprés l'action de l'eau pure.	CHAUX de saturation propre à chaque pouzzolane.
Pouzzolane de Saint-Paul, à Rome..	16 24	10 48	16 000
Id. brune du Vésuve, à Naples..	15 54	2 49	9 764
Id. grise de la même provenance	15 54	3 18	7 300
Id. brune de Bessan (Hérault)..	16 30	3 26	8 870
Id. artificielle d'argile pure.	15 00	11 48	15 527

Ce qui étonne au premier coup d'œil dans ces résultats, c'est que les pouzzolanes n'aient pu retenir au moins la même quantité de chaux que celle dont elles se sont saturées spontanément dans l'eau de chaux. Mais on en comprend bien vite la cause quand on vient à considérer que les pouzzolanes, dans ces cinq gangues, n'avaient pas à beaucoup près le degré de finesse qu'on leur avait donné (9) pour leur macération en eau de chaux. Il n'est donc pas surprenant que les chaux additives n'aient pu trouver à s'y combiner qu'en très-faible quantité, et que les parties palpables des pouzzolanes soient restées en dehors de toute action chimique : les gangues, bien que porphyrisées avant cette immersion en eau pure, ont dû y abandonner immédiatement de la chaux enlevée au fur et à mesure de sa dissolution par le fréquent renouvellement des bains, etc.

13. — Que l'on veuille bien considérer que, tout imparfaites qu'elles fussent, considérées chimiquement, les gangues confectionnées dans le laboratoire n'en étaient pas moins la limite de la perfection pratique, et alors on comprendra ce qui serait arrivé si l'on eût traité comme ci-dessus ces mélanges grossiers préparés selon la méthode dite du

tonneau, où le quart à peine des pouzzolanes agit pour la neutralisation de la chaux, le reste ne fonctionnant que comme remplissage.

Il n'est pas difficile d'entrevoir quels importants perfectionnements on pourrait apporter aux habitudes de la pratique actuelle, en donnant plus de soin à des mélanges dont la cohésion future dépend d'une action chimique entre les principes mis en présence.

EFFET D'UNE DISSOLUTION ÉTENDUE DE SULFATE DE MAGNÉSIE SUR LES GANGUES POUZZOLANIQUES A CHAUX GRASSE PORPHYRISÉES.

14. — Les gangues qui ont servi à ces nouveaux essais ne diffèrent point de celles qui ont servi aux précédentes expériences; elles ont été préparées, puis traitées par cette dissolution, absolument comme les mortiers et les ciments dans les sections précédentes, et ont donné lieu aux résultats consignés au tableau suivant:

DÉSIGNATION DES POUZZOLANES dont les gangues ont subi l'effet de la dissolution magnésique.	QUANTITÉS DE CHAUX	
	introduites dans 100 parties de pouzzolane pour former les gangues.	restées dans 100 parties de pouzzolane après l'action du bain magnésique.
Gangue à pouzzolane des environs de Rome............	16 24	5 06
— à pouzzolane brune des environs de Naples.....	15 54	0 00
— à pouzzolane grise des mêmes lieux...........	15 54	0 00
— à pouzzolane grise des mêmes lieux, dite de feu.	15 00	0 00
— à traass des bords du Rhin..................	15 00	0 00
— à pouzzolane de Bessan (Hérault).............	16 30	0 00
— à pouzzolane artificielle d'argile ferrugineuse....	15 00	0 00
— d'argile ocreuse fine	15 00	6 11
— d'argile pure réfractaire....................	15 00	8 93
—. d'une autre variété......................	15 00	6 54
— d'une autre variété......................	15 00	8 30

On n'a pas mentionné dans ce tableau la chaux constitutive des pouzzolanes qui en contiennent naturellement. Cette chaux s'est retrouvée en entier dans les résidus analysés, d'où il suit que l'action du sulfate de magnésie ne s'est exercée que sur la chaux additive introduite pour la confection des gangues : la magnésie trouvée dans les résidus est restée constamment proportionnelle à la quantité de chaux perdue.

Il existe donc, d'après ce tableau, des combinaisons de chaux et de pouzzolanes qui, sous forme pulvérulente, perdent toute leur chaux additive dans une dissolution de sulfate de magnésie; d'autres qui en conservent une partie seulement. Nous n'en avons trouvé aucune jusqu'à présent qui ait résisté avec moins de perte que les gangues à pouzzolanes normales d'argiles réfractaires, et celles que fournissent certaines argiles ocreuses assez rares. Ce sont aussi les mêmes gangues qui ont abandonné le moins de chaux aux simples dissolutions aqueuses, et dont les pouzzolanes ont montré la plus grande capacité de saturation pour la chaux : cela devait évidemment être ainsi. Pendant la durée de ces dernières expériences tous les phénomènes observés sur les mortiers et les ciments, relativement à leur passage à l'état gélatineux dans les dissolutions magnésiques, se sont reproduits (4-10).

ACTION DE L'ACIDE CARBONIQUE SUR LES GANGUES A POUZZOLANES ET CHAUX GRASSES.

15. — Les parties extérieures, sur quelques millimètres d'épaisseur, d'une semblable gangue à pouzzolane volcanique, et qui avait durci pendant six ans en eau douce, se composaient comme il suit, après dessication naturelle de quelques jours en plein air :

Eau	7,20	
Acide carbonique............	8,30	100
Chaux caustique.............	17,35	
Silice, alumine, etc	67,15	

Or, la pouzzolane employée contenant naturellement 8,70 parties
de chaux combinée, si l'on déduit proportionnellement de 17,35 ce
qui appartient aux 67,15 parties de matières pouzzolaniques, il restera 10,95 pour la chaux additive ou de fabrication de la gangue. Mais
8,30 parties d'acide carbonique neutralisent 10,56 parties de chaux :
donc, part accordée aux petites erreurs inséparables de ces sortes
d'analyses, on peut affirmer que toute cette chaux additive a passé à
l'état de carbonate neutre.

Cette puissante affinité de l'acide carbonique pour la chaux étant
d'une grande importance pour la suite de ces recherches, nous avons
dû la constater définitivement sur un grand nombre de silicates doubles
d'alumine et de chaux, et dans les cas où elle semblait devoir s'exercer
avec le plus de difficulté, savoir : quand ces silicates se sont formés
par élection de chaux, dans l'eau de chaux, comme nous l'avons
pratiqué ci-devant (9). Or, en réduisant ces silicates en poudre impalpable et en les exposant ainsi à l'air pendant huit mois dans une cave,
nous avons trouvé que dans cet intervalle de temps, toute leur chaux
s'est carbonatée. L'acide carbonique a été dosé par la balance avec
l'appareil ordinaire.

Nous aurions pu former ici le tableau des douze silicates soumis à
cette épreuve, mais c'eût été charger le texte sans apporter un seul
degré de conviction de plus. Nous devons déclarer, et les chimistes le
comprendront, que les résultats du laborieux travail que nous a coûté
cette dernière recherche n'ont pas offert une précision tout à fait mathé-
matique ; mais les petites différences, tantôt en plus, tantôt en moins,
dans les rapports que nous aurions dû trouver entre les qualités chaux
et acide carbonique pour justifier la neutralisation complète, n'ayant jamais excédé l'ordre des millièmes, nous nous sommes considéré comme
suffisamment autorisé à généraliser l'énoncé du fait remarquable
observé ci-dessus.

CONCLUSION SUR CETTE PREMIÈRE PARTIE.

16. — Arrivé au terme de ces études préliminaires, nous en résu-merons les principaux résultats comme il suit, savoir :

1° Que les hydrosilicates d'alumine et de chaux, connus dans l'art de bâtir sous les noms de chaux hydrauliques, de ciments et de gan-gues à pouzzolanes, sont des combinaisons très-faibles ;

2° Que tous ces silicates sans exception, quels qu'en soient l'âge et la dureté, étant réduits en poudre aussi fine que le comportent les moyens mécaniques, et sous cette forme noyés dans une suffisante quan-tité d'eau pure, y abandonnent, lorsqu'ils n'ont subi en aucune manière ou du moins que très-incomplètement l'action de l'acide carbonique, une notable quantité de chaux ;

3° Que dans les mêmes circonstances, si l'on substitue à l'eau pure une dissolution de quatre parties de sulfate de magnésie anhydre dans mille parties d'eau pure, la plus grande partie et le plus sou-vent la totalité de la chaux de ces silicates passe à l'état sulfaté, à moins qu'il ne s'y soit introduit de l'acide carbonique, dans lequel cas il reste en chaux carbonatée tout juste ce que cet acide est capable de neutraliser ;

4° Que toutes les pouzzolanes volcaniques et artificielles connues et employées jusqu'à ce jour ont une capacité propre et différente pour la chaux, capacité bien moindre que ne le supposent les dosages habituels ; que certaines pouzzolanes artificielles non encore employées en grand, peuvent faire exception à cette règle;

5° Qu'enfin, l'affinité de l'acide carbonique pour la chaux de ces divers silicates est si puissante, qu'à l'aide d'un certain degré d'humidité, et lorsque son accès est possible, il finit toujours par la neutraliser en totalité, en laissant en dehors tous les autres principes qui, combinés ou non entre eux, ne se trouvent plus alors qu'à l'état de mélange dans le tissu de la masse transformée.

DEUXIÈME PARTIE.

EXAMEN PRÉLIMINAIRE DE L'ACTION DE L'EAU DE MER SUR LES

COMPOSÉS HYDRAULIQUES A BASE D'ALUMINE ET DE CHAUX,

SUIVI DES MOYENS RATIONNELS D'EN MESURER L'INTENSITÉ ET LES EFFETS.

17. — Indépendamment du sel marin ou chlorydrate de soude, à dose de 25 à 27 millièmes, l'eau de mer contient principalement des sulfates et des chlorydrates de magnésie, ainsi qu'une foule d'autres principes accidentels, tels que : bicarbonates, acide carbonique dissous en quantité variable dans le voisinage des côtes, sels ammoniacaux de diverses natures, matières animales dissoutes ou en suspension, semences végétatives, etc. Voici quelques analyses pouvant donner une idée des variations observées dans sa composition.

ANALYSES D'EAU DE MER par divers chimistes. — Principes contenus dans 1,000 grammes.	PRÈS de Bayonne. — Bouillon, Lagrange et Vogel.	CÔTES de la Méditerranée. Bouillon, Lagrange et Vogel.	CÔTES de la Méditerranée. Laurent.	ATLANTIQUE du Nord. — Marcet.	MANCHE. — Schweitzer.
Chlorydrate de soude.............	25 10	25 10	27 22	26 60	27 06
Sulfate de magnésie..............	5 78	6 25	7 02	»	2 29
Chlorydrate de magnésie..........	3 50	5 25	6 14	5 15	3 66
Sulfate de chaux.................	0 15	0 15	0 10	0 15	1 41
Sulfate de soude.................	»	»	»	4 66	»
Chlorydrate de potasse...........	»	»	0 01	1 23	0 76
Chlorydrate de chaux.............	»	»	»	»	»
Carbonate de chaux..............	0 20	0 15	0 20	»	0 03
Acide carbonique................	0 23	0 11	traces.	»	traces.

18. — Si l'on verse de l'eau de chaux dans de l'eau de mer, il s'y forme sur-le-champ du sulfate et du chlorydrate de chaux, et il se précipite de la magnésie rendue libre ; le même fait s'observe lorsqu'on place en eau de mer, à l'état frais ou pâteux, un mortier, un ciment ou une gangue à pouzzolane ; il a lieu encore, pour les mêmes composés parvenus à un degré de cohésion très-avancé, quand l'acide carbonique n'a pas agi sur leurs surfaces. L'affinité des acides sulfurique et chlorydrique pour la chaux est donc assez puissante non-seulement pour produire ces effets, mais encore pour enlever cette base à ses combinaisons avec la silice et l'alumine ; c'est ainsi que toutes les gangues à pouzzolanes, tous les ciments et toutes les chaux hydrauliques sous forme pulvérulente sont, comme l'ont prouvé les études précédentes, décomposés par les dissolutions, même très-étendues, de sulfate de magnésie. Tous ces silicates, cependant, ne sont pas attaqués au même degré : quelques-uns peuvent retenir une partie de leur chaux, mais qui n'est jamais qu'une fraction assez petite de la totalité.

Si donc la cohésion, et parfois l'impénétrabilité, qui résulte de la structure solide ou massive de ces composés, ne pouvait atténuer ou paralyser d'aucune manière l'action des sels magnésiens, il faudrait désespérer à jamais de la stabilité ou durée en mer de nos mortiers, ciments et gangues à pouzzolanes ; heureusement qu'il n'en est pas toujours ainsi, comme la suite le prouvera.

19. — Les premières observations sur l'action destructive qu'exerce l'eau de mer ne datent que de quelques années ; il a fallu que de grands désastres arrivés à Saint-Malo, à la Rochelle, au Havre et ailleurs, vinssent avertir les ingénieurs, et par suite le gouvernement, pour qu'on se préoccupât sérieusement des causes du mal. Ce n'est pas que l'action saline ne se soit exercée dans tous les temps sur les maçonneries sous-marines, mais dans des circonstances et d'une ma-

nière assez restreintes pour qu'il fût permis d'attribuer la nullité ou l'insignifiance de ses effets à l'isolement des maçonneries par des revêtements imperméables.

Les causes une fois connues et le problème posé, la solution pratique a dû sembler des plus faciles au premier abord. De quoi s'agissait-il, en effet ? de distinguer, entre les composés divers que donnent les matériaux connus, chaux, ciments et pouzzolanes, quels sont ceux que la mer respecte ou détruit. Il suffisait donc d'immerger les uns et les autres et de faire un choix : c'est ce que l'on a tenté, et rien de certain, rien de positif n'est sorti de cette manière de procéder, soit en mer libre, soit dans la même eau enfermée dans les baquets ou cuves des laboratoires. En mer libre, on a vu se produire, en certains parages et sur des composés identiques, des phénomènes directement contraires : tel ciment qui résistait en rade de Cherbourg, était détruit au Boyard, sur les côtes de la Rochelle ; telle combinaison de chaux et de pouzzolane d'Italie, admise comme bonne à Toulon, ne réussissait complétement ni à Alger ni sur l'Océan ; et ce qui rendait la difficulté plus grande encore, c'est que la mer libre ne répondait qu'après un très-long temps, quelquefois après dix à douze ans, aux questions posées de cette manière.

20. — Cet état de choses nous imposait le devoir de reprendre le travail publié, en 1846, à la suite de nos *Nouvelles Études sur les pouzzolanes artificielles*, travail nécessairement incomplet à cette époque, et de suivre de plus près la marche des phénomènes, en profitant d'ailleurs des observations nombreuses recueillies dans divers ports, tant sur les composés hydrauliques modernes employés, que sur d'autres appartenant à une haute antiquité ; observations qui, rapprochées et comparées, ont jeté une grande lumière sur les causes et les effets de l'action saline.

Il en est résulté d'abord qu'on ne peut assimiler les effets de la mer libre à ceux qu'elle produit lorsqu'on l'enferme dans les cuves d'un laboratoire. En mer libre, les matériaux qui ont une tendance prononcée à incruster, à tapisser en quelque sorte les corps immergés, sont fournis à ces corps d'une manière continue, et toujours avec la même abondance. Dans le laboratoire, au contraire, l'eau de mer, y fût-elle renouvelée tous les jours, n'apporte chaque fois qu'une très-petite quantité de ces matériaux conservateurs, et dans cet intervalle les composés hydrauliques en expérience restent sous l'influence prépondérante des sels destructeurs.

21. — Lorsqu'on analyse les débris, devenus stationnaires, d'un composé hydraulique désagrégé par l'action saline, on y trouve immédiatement : 1° un résidu de sable ou de matières pouzzolaniques, selon que la destruction a porté sur un simple mortier ou sur une gangue à pouzzolane ; 2° un peu de carbonate de chaux ; 3° de la magnésie libre, ou combinée avec la pouzzolane, ou carbonatée ; 4° tantôt point, tantôt très-peu de chaux neutralisée par la silice ; 5° et enfin quelques millièmes de sulfates de chaux et de magnésie, si l'on n'a pas suffisamment lavé les débris à l'eau pure avant de les analyser.

Si l'on pouvait rapprocher ces mêmes débris et les reconstituer en un tout physiquement cohérent et résistant, il est évident que l'eau de mer ne pourrait exercer aucune action chimique sur ce nouveau corps, qui ne contiendrait plus les éléments de destruction éliminés par l'eau de mer elle-même.

22. — Lorsqu'on analyse, au contraire, les parties prises à quelques centimètres au-dessous de la croûte verdâtre ou des végétations sous-marines qui tapissent certains composés hydrauliques immergés depuis un assez grand nombre d'années pour ne laisser aucun doute sur la persistance indéfinie de leur stabilité, on y retrouve parfois en totalité les éléments du composé primitif, sans introduction d'autres principes, et, chose remarquable, ces parties tirées de l'intérieur sont le plus souvent attaquées et détruites en quelques jours dans la même eau de mer employée dans le laboratoire. La mer libre peut donc laisser subsister dans toute l'intégrité de leur composition première, c'est-à-dire avec toute leur chaux attaquable, certains silicates destructibles par son action dans le laboratoire, conséquence naturelle de l'impossi-

bilité où elle s'est mise elle-même de pénétrer dans leur tissu par l'effet des enduits végétatifs, madréporiques ou coquilliers, dont elle les a enveloppés.

23. — L'analyse d'autres composés, aussi bien conservés que les précédents en mer libre, y dénote quelquefois une composition chimique nouvelle qui a la plus grande analogie avec celle du corps fictif dont nous parlions tout à l'heure, et qui ne peut conséquemment donner aucune prise aux sels magnésiens. Ces silicates *transformés* sont alors aussi inattaquables par l'eau de mer employée dans le laboratoire que par la mer libre; la mer peut donc, sans les détruire, introduire parfois dans le tissu de certains silicates d'alumine et de chaux des principes nouveaux, en même temps qu'elle en élimine ou modifie ceux qui sont contraires à la stabilité.

De là, trois classes de composés hydrauliques par rapport à l'action saline, savoir :

1° Ceux qui résistent par l'effet d'un changement de constitution chimique intégral ou limité en profondeur, que la mer y opère spontanément et qui n'ont, par conséquent, besoin d'aucun enduit préservateur ;

2° Ceux qui ne subsistent et ne peuvent subsister que sous la protection de ces mêmes enduits ;

3° Ceux enfin sur lesquels ces enduits ne peuvent se maintenir, soit par la violence des coups de mer, soit par leur nature, et qui périssent par l'effet même des transformations chimiques que la mer tend à y introduire.

Les premiers peuvent être reconnus et appréciés par certaines expériences de laboratoire à l'aide desquelles on exerce sur eux une action purement saline, c'est-à-dire indépendante des éléments conservateurs que renferme la mer libre; on peut donc, quand ils résistent à cette épreuve, conclure *a fortiori* qu'ils résisteront en mer libre, puisqu'ils y trouveront des auxiliaires qui viendront ajouter à leur valeur intrinsèque.

24. — Quant aux composés de la deuxième et de la troisième catégorie, les essais du laboratoire ne peuvent que les classer par ordre de stabilité, attendu que l'eau de mer naturelle ou artificielle qu'on y emploie ne possède plus, comme nous le faisions remarquer tout à l'heure, cette espèce de vitalité qui produit les végétations sous-marines et les sécrétions d'origine animale dont elle enveloppe les corps immergés, quand elle agit dans toute sa liberté avec ses courants, son agitation et tous ses éléments hétérogènes, constants ou accidentels. La mer libre, seule, peut donc répondre aux questions de stabilité ou de non stabilité des composés dont il s'agit, et nous avons dit (19) à quelles conditions.

OBSERVATIONS QUI ONT CONDUIT AU NOUVEAU MODE D'ESSAI EMPLOYÉ
DANS LE LABORATOIRE.

25. — Voici, par ordre, les motifs du procédé substitué aux immersions ordinaires pratiquées dans les laboratoires :

1° Tous les composés où la chaux n'entre que lentement en combinaison avec les principes qui la neutralisent, étant plongés frais en eau de mer, sont attaqués d'autant plus profondément que la chaux y reste plus longtemps libre en tout ou en partie. L'immersion immédiate d'échantillons d'un volume nécessairement très-limité ne peut donc, dans un laboratoire, que signaler comme destructibles indistinctement tous les silicates à prise lente.

2° D'un autre côté, l'immersion de ces silicates, effectuée longtemps après leur confection, laisse à l'acide carbonique de l'air le temps de régénérer en carbonate neutre et sur une certaine profondeur la chaux de leurs parties superficielles, ce qui les enveloppe d'une croûte inattaquable et imperméable à l'eau salée dans plusieurs circonstances. Dans ce cas, donc, l'immersion ne peut plus rien apprendre sur la valeur des échantillons ainsi garantis.

3° Des deux observations qui précèdent, il résulte nécessairement que les silicates à essayer doivent avoir atteint *en vase clos*, hors de toute influence extérieure, un degré de cohésion chimique plus ou moins avancé, avant d'être mis en contact avec l'eau salée.

4° Une autre nécessité, c'est de pouvoir facilement se rendre compte de l'action saline, c'est-à-dire de sa marche plus ou moins rapide, de sa continuité ou de sa fin, sur les échantillons en expérience. Et comme toute action exercée par les bains d'immersion réagit sur leur propre composition et peut s'apprécier à une époque quelconque par leur état actuel comparé à leur état initial, il faut s'attacher à rendre cette comparaison aussi simple et aussi facile que possible.

5° Or, sept années d'expériences comparatives ont prouvé qu'une simple dissolution très-étendue de sulfate de magnésie (4 à 5 grammes de sel anhydre dans 1,000 grammes d'eau pure, ou 8 à 9 grammes du même sel avec son eau de cristallisation), produit, ni plus ni moins, sur les échantillons qu'elle baigne, les mêmes effets que l'eau de mer elle-même.

6° Cela étant, tant que la dissolution magnésique agit sur ces échantillons, elle se charge de sulfate de chaux et abandonne de la magnésie, ce que l'on constate par l'oxalate d'ammoniaque qui précipite la chaux à l'état d'oxalate insoluble. Quand, au contraire, le bain d'immersion ne se trouble plus sous l'influence de l'oxalate, son action actuelle sur les échantillons qu'il contient est absolument nulle, ce qui n'empêche pas l'action qui a précédé d'avoir plus tard telle ou telle conséquence sur leur stabilité (*d*).

7° Le moment où cessera cette action du bain magnésique peut se faire attendre plusieurs jours, plusieurs mois et même plusieurs années,

---

(*d*) L'eau de mer naturelle contient constitutivement des sels à base de chaux en doses variables, pouvant rendre tout à fait illusoires ou du moins d'une application très-difficile les moyens de vérification proposés ci-dessus.

selon la nature des silicates immergés, sans que, dans ce dernier cas, il y ait danger de destruction.

Telles sont les considérations d'où l'on est parti pour tracer, ainsi qu'on le verra dans la section suivante, la marche à suivre dans ce genre d'expérience.

MARCHE A SUIVRE DANS L'APPLICATION DU NOUVEAU PROCÉDÉ.

26. — On introduit les mortiers, ou gangues à chaux ou pouzzolanes, ou ciments encore à l'état pâteux, dans des bocaux de verre blanc que l'on puisse clore ensuite hermétiquement à l'aide de rondelles de liége ou de bois goudronnées par-dessus; les composés pâteux y durcissent comme ils le feraient au sein d'un épais massif, et après un temps qui ne doit pas être moindre d'un mois, mais qui peut aller bien au-delà si l'on veut ou si la nature du composé l'exige, on brise les bocaux qui ont servi de moules, on taille les échantillons en parallélipipèdes ou en cylindres (ces formes peuvent être données immédiatement par les bocaux), en leur ménageant des arètes aussi vives que possible ou en avivant celles que le moulage a émoussées; on les lave ensuite à l'eau pure en les brossant assez fortement pour enlever toutes les parcelles séparées de la masse par l'action de la taille, après quoi on les immerge dans une dissolution de sulfate de magnésie, préparée comme il a été dit (5); le volume de ce bain doit équivaloir à environ huit à dix fois celui de la pièce immergée. Il faut le renouveler tous les jours si l'oxalate d'ammoniaque y forme des précipités abondants, et tous les cinq ou six jours si ce sel n'y produit qu'un *louche* sensible. On considère cette première épreuve comme terminée quand l'oxalate ne trouble plus la dissolution magnésique. Mais si l'on opère en hiver, dans un laboratoire dont la température ne soit que de 10 à 12° centigrades, il faudra, avant de prononcer sur cette nullité d'action de

l'oxalate, s'en assurer définitivement après avoir élevé et maintenu la température du bain de 40 à 50° centigrades pendant une journée.

Les conséquences de cette première phase des essais peuvent se montrer pendant leur durée même ou beaucoup plus tard ; dans ce cas, on met en réserve le bocal et l'échantillon contenu, en couvrant légèrement le tout de manière à empêcher, comme on a dû le pratiquer précédemment, l'introduction de la poussière, mais non le renouvellement et l'action de l'air. On maintient le niveau du bain par des additions successives d'eau distillée, selon que l'évaporation le demande.

On voit assez souvent se former, dans plusieurs de ces bains, des dépôts très-blancs qui s'attachent à la fois aux parois des bocaux et aux échantillons. Il faut alors sortir ces échantillons, les brosser fortement, et, si cela ne suffit pas pour les dépouiller des incrustations, les plonger pendant quelques secondes dans un acide très-étendu, qui les en débarrasse complétement. On les lave ensuite à l'eau pure, et on les remet dans une nouvelle dissolution dont il faut suivre de no. au l'altération si elle a lieu ; il est sous-entendu que l'on nettoie en même temps les bocaux pour leur rendre leur transparence (e).

27. — C'est ordinairement par des fissures parallèles aux arêtes des angles dièdres que se manifestent les premiers effets de l'action saline, quand ils ont lieu. Dès qu'elles apparaissent, le sort de l'échantillon est décidé : il périra infailliblement ; ce n'est plus qu'une affaire de temps ; la deuxième ou la quatrième année au plus tard en amène la ruine. L'apparition de ces fissures, dans le cas des composés destructibles, n'a point d'époque fixe ; elle peut se déclarer après huit

---

(e) Ces matières incrustantes sont formées, en proportions variables, d'une petite quantité de chaux et d'une notable quantité de magnésie et d'acide carbonique en quantité insuffisante pour saturer les deux bases à la fois.

à dix jours comme après huit à dix mois, mais plus rarement au-delà de ce dernier terme.

Nous ferons remarquer, en passant, comme un fait sans utilité pratique, mais théoriquement assez curieux et difficile à expliquer, que lorsque l'on place dans l'eau pure et en vases clos jusqu'à épuisement de toute la chaux qu'ils peuvent y laisser dissoudre, l'eau étant convenablement renouvelée, les échantillons pris au sortir des bocaux où ils ont durci, et qu'on les essaie après, comme à l'ordinaire, par les dissolutions magnésiques, le temps de l'apparition des fissures, lorsqu'il doit s'en former, est abrégé moyennement de moitié pour les mortiers, et des 4/5 pour les gangues à pouzzolanes et chaux hydrauliques : le contraire tend à se manifester sur les ciments.

Dans certains cas, les signes d'altération s'annoncent à la fois par des fissures près des arêtes et par des crevasses sur les flancs des échantillons ; leur ruine est alors imminente. On voit sur certains ciments, très-chargés en chaux et très-fortement cuits ou frittés, ces signes se montrer d'abord au sommet des angles trièdres (s'ils sont taillés en parallélipipèdes) par des pustules d'où sort une matière floconneuse blanche qui n'est autre que du carbonate de chaux mêlé d'un peu de carbonate de magnésie avec traces d'alumine.

L'absence de ces divers symptômes d'une destruction totale plus ou moins prochaine n'a pas toujours la signification que l'on serait tenté de leur attribuer. L'altération peut quelquefois exister, sans qu'aucun indice apparent, visible même à la loupe, en avertisse ; par cette raison, l'examen intérieur, que nous appellerons *autopsie*, deviendra dans tous les cas indispensable, surtout quand les échantillons auront abandonné longtemps, ou même sans discontinuer, de la chaux aux bains magnésiques.

28. — Quand donc tous les échantillons, sans exception, seront parvenus jusqu'au dixième mois d'immersion, en apparence ou réellement intacts, on procédera à cette autopsie en les sciant ou en les cassant le plus franchement possible en deux ou trois morceaux. L'altération

intérieure, si elle existe, se manifeste alors tantôt par une perte de consistance qui, sous une croûte mince et plus ou moins résistante, pénètre plus ou moins profondément l'échantillon, et tantôt par des solutions de continuité apparentes ou non qui divisent la masse en fragments irréguliers ou en zones concentriques autour d'un noyau central. Ces divers modes de décomposition physique, dont l'existence, sans qu'on en soit averti, a lieu dans un liquide tranquille, ne pourraient s'effectuer dans une mer agitée sans être suivis progressivement de la ruine des masses immergées (*f*).

Quant aux pièces réellement intactes dans leur constitution physique à cette époque de dix mois d'immersion, leurs cassures, lorsqu'il s'agit de mortiers ou de ciments, sont parfaitement égales d'aspect et de dureté sur toute leur étendue. La loupe n'y découvre aucune trace d'altération. Les cassures des gangues à pouzzolanes, dans les mêmes circonstances de stabilité, sont ordinairement comme encadrées de bandes plus ou moins larges, dont la couleur est plus claire ou plus foncée que celle du centre. Ces bandes, qui résultent, comme le prouve leur analyse, d'une modification chimique dans la composition du silicate auquel elles appartiennent, sont comme soudées aux parties intérieures, quoique parfois moins et parfois plus dures que celles-ci.

29. — Ces indications, néanmoins, ne sont pas une garantie suffisante pour l'avenir; la vraie pierre de touche, l'expérience complémentaire qui ne doit laisser aucun doute, consiste à immerger de nou-

---

(*f*) Nous sommes parvenu à conserver pendant très-longtemps dans les bains magnésiques, sous cette apparence de stabilité, des mortiers à chaux grasse dont les surfaces avaient eu le temps de s'encroûter d'une mince couche de carbonate de chaux avant leur immersion. L'autopsie laissait voir sous cette couche un mortier frais, sans consistance, traversé en divers sens par des filons de sable pur dont la chaux avait été soustraite par la dissolution magnésique ayant pénétré, par quelques solutions de continuité, sous la couche carbonatée enveloppante.

veau les fragments donnés par l'autopsie, dans une dissolution de sulfate de magnésie, mais après les avoir soigneusement débarrassés des parties ébranlées ou presque détachées de la masse par l'effet du sciage ou du cassage. On conduit cette nouvelle épreuve comme on l'a fait pour la première, et si, pendant un temps déterminé, dont la suite nous donnera la limite, les fragments se maintiennent intacts, on peut en conclure, selon que nous l'expliquerons plus tard, une certitude ou une probabilité seulement de résistance indéfinie en mer libre.

Le grand nombre de mortiers, ciments et gangues à pouzzolanes qui ont succombé aux épreuves que nous venons de décrire en démontre, par cela même, toute l'importance; nous ne prétendons pas, cependant, qu'il faille renoncer à employer tous les composés hydrauliques que notre mode d'investigation signale comme destructibles, s'ils ont en leur faveur, depuis un grand nombre d'années, dans certains ports, le témoignage contraire de la mer libre; nous croyons seulement qu'il ne faut alors s'écarter en rien des précédents, c'est-à-dire que, dans la supposition d'une identité rigoureuse de matériaux, il faudrait encore adopter les mêmes dosages, le même mode de confection et d'emploi, et toujours, autant que possible, dans les mêmes parages et la même situation, par rapport aux coups de mer.

30. — On ne pourrait en effet, sans danger, s'autoriser pour de nouveaux parages des exemples de succès obtenus sur quelques points de l'Océan ou de la Méditerranée. Ces mers, selon la nature des roches qui en forment le fond et les rivages, selon leurs courants et leurs affluents, et peut-être aussi par l'effet de leur température moyenne, peuvent fournir des quantités d'acide carbonique très-différentes et ne pas nourrir également ces masses de mollusques dont les sécrétions concourent avec cet acide à encroûter quelquefois si puissamment les corps immergés (g). Or, ne pas tenir compte de ces causes plus ou

---

(g) La présence du bicarbonate de chaux dans les mers peut seule rendre compte de certains phénomènes d'incrustation remarqués sur les débris des môles anti-

moins efficaces de conservation, serait une faute dont les conséquences pourraient être déplorables.

---

ques disséminés le long du rivage de Pouzzoles. Ces incrustations, qui consistent en une épaisse couche de tuf calcaire, n'ont pu être formées que par le carbonate de chaux déposé à mesure que les bicarbonates ambiants cédaient de l'acide carbonique à la chaux des bétons.

Les sulfates contenus dans l'eau de mer ne suffiraient pas à expliquer les quantités de chaux qu'elle contient; ils fourniraient au plus 0^{g}06, de chaux caustique par mille grammes; or, les documents qui nous sont parvenus établissent incontestablement qu'à Brest cette quantité est de 0^{g}456, à Marseille de 0^{g}654, à Alger de 0^{g}922, et à Pondichéry, dans l'Inde, de 0^{g}512. Il est probable qu'à raison du voisinage du Vésuve et des émanations souterraines d'acide carbonique, la mer de Naples contient plus de bicarbonate de chaux que toute autre mer, et possède conséquemment des moyens d'encroûtement refusés à d'autres parages.

TROISIÈME PARTIE.

EXEMPLES

DE L'APPLICATION DU NOUVEAU MODE D'ESSAI

AUX DIVERS COMPOSÉS EMPLOYÉS DANS LES TRAVAUX HYDRAULIQUES.

GANGUES A POUZZOLANES ET CHAUX GRASSE.

31. — Nous prévenons de nouveau, et pour la dernière fois, que les gangues soumises à ces essais ont été confectionnées avec un soin que la pratique n'a pas encore essayé d'atteindre ; cependant, lorsqu'il s'agit de former des composés dont le durcissement progressif dépend essentiellement de la combinaison par voie humide des éléments constitutifs, on doit, sous peine d'inconséquence, préparer et mettre en présence ces éléments de manière à favoriser leurs affinités réciproques autant que possible, et, dans le cas actuel, le but même de ces recherches l'exigeait d'autant plus impérieusement qu'on avait à constater la puissance ou l'impuissance de ces mêmes affinités contre des forces destructives du même ordre. Il fallait donc se garder d'imiter ces grossiers mélanges opérés sur les chantiers, mélanges dans lesquels les pouzzolanes, à demi pulvérisées, apparaissent comme le sable plus ou moins inégal dans nos mortiers ordinaires. Le tissu d'une gangue bien préparée ne doit laisser voir aucune de ces nombreuses parcelles de chaux non mêlées, causes puissantes de ruine, et dont les procédés usuels de fabrication offrent un fâcheux exemple.

32. — Nous avons mis en présence, dans le tableau n° 4, les faits observés à la suite de l'immersion en dissolution magnésique de diverses gangues à pouzzolanes volcaniques et artificielles ; on remarquera combien l'action de cette dissolution a été prompte sur celles de ces gangues que des expériences anciennes en mer libre avaient désignées déjà comme mauvaises ou d'une stabilité douteuse (*h*). Celles-là ont commencé à se fissurer du huitième au vingt-troisième jour ; quant aux gangues que nous admettons comme indestructibles, elles sont encore intactes au moment où s'imprime ce Mémoire, c'est-à-dire après dix ans dans les bains magnésiques, sans avoir cessé d'y abandonner de la chaux.

Il serait assez difficile d'assigner l'époque à laquelle cessera cette perte de chaux ; il est évident que sans la profondeur à laquelle les sels magnésiens doivent aller la chercher, à mesure que l'épaisseur des parties transformées augmente, et sans l'obstacle que peut opposer aussi la densité qu'acquièrent ces parties, cette soustraction de chaux se propagerait, quoique d'une manière fort lente, jusqu'au centre des échantillons.

On remarquera aussi que les ruptures, écornures et accidents physiques quelconques qui, sous mer, viendraient à emporter les parties déjà transformées, n'auraient d'autre suite que la reprise du travail de transformation sur les faces mises à nu par ces accidents, ni plus ni moins qu'au moment de l'immersion.

33. — La conséquence évidente à tirer de ces derniers faits, ainsi qu'on l'a déjà énoncé (23), c'est qu'il s'opère, dans les gangues qui y sont soumises, des transformations chimiques dont il était indispensable d'assigner la nature, tant sous le rapport des principes éliminés que sous celui des nouveaux éléments introduits ; il fallait en même

---

(*h*) *Annales des ponts et chaussées*, de mai et juin 1850.

temps reconnaître les changements survenus dans la cohésion physi-que, et enfin l'influence qu'ils peuvent avoir sur la durée des silicates ainsi transformés. C'est ce qui a été fait en sciant chaque échantillon par le milieu avec une petite scie à ressort d'horlogerie : les sections ainsi mises à nu, bien dressées, lavées et séchées naturellement, ont laissé voir ces bandes ou zones enveloppantes, plus ou moins distinctes par leurs teintes des parties centrales enveloppées, comme on l'a dit (28), et donnant lieu, quant à l'état physique, aux remarques consi-gnées dans le tableau ci-après :

ÉTAT, APRÈS DIX MOIS, DES GANGUES A POUZZOLANES, INDESTRUCTIBLES, dans la _dissolution de sulfate magnésique._	GANGUES A CHAUX GRASSE ET POUZZOLANES DE						OBSERVATIONS.
	Rome en poudre très-fine.	Rome en poudre grossière.	Trass en poudre très-fine.	Artificielle en poudre très-fine.	Artificielle en poudre très-fine.	Artificielle en poudre très-fine.	
Profondeur moyenne des parties transformées, à partir des surfaces...	2 à 3 mil.	4 à 5 mil.	4 à 5 mil.	2 à 3 mil.	2 à 3 mil.	2 à 3 mil.	La dureté comparative des parties mo-difiées aux parties intérieures a été mesu-rée par le foret, à une époque plus reculée et sur des épaisseurs plus profondes
Dureté de ces parties par rapport à celle de l'inté-rieur, prise pour unité.	0 84	0 75	0 50	1 00	1 00	1 00	
Degré d'adhérence des parties transformées aux parties intérieures	suffisante.	suffisante.	médiocre.	parfaite.	parfaite.	parfaite.	
Résistance des parties transformées aux coups de mer	certaine.	incertaine.	douteuse.	certaine.	certaine.	certaine.	

Supposons maintenant que les échantillons, dans l'état marqué ci-dessus, soient plongés dans une mer libre réduite à ses seuls principes salins, chimiquement ils ne s'y comporteraient pas plus mal que dans nos bocaux ; mais si, au lieu de cette mer hypothétique, ils se trouvaient dans une mer réelle, pourvue de tous ses matériaux conservateurs, nul doute que les chances de stabilité n'y fussent notablement augmentées, puisque telle gangue qui, dans ce cas, résiste, périt ou peut périr dans notre dissolution magnésique. Nous pourrions donc nous en tenir à ces seules indications pour affirmer l'efficacité du procédé employé; mais nous avons une obligation de plus à remplir : celle de demander à l'analyse la composition de ces parties si singulièrement modifiées, que quelques-unes, loin d'avoir rien perdu en cohésion et en adhérence aux parties sous-jacentes, semblent avoir gagné, tandis que toute tendance à des modifications analogues sur les gangues périssables en entraîne la ruine.

34. — Les parties séparées mécaniquement des masses intactes, et réduites en petites esquilles de moins de trois millimètres d'épaisseur, ont été maintenues en cet état dans des bains de sulfate de magnésie pendant tout le temps qu'il a fallu pour qu'elles n'y abandonnassent plus de chaux, ce qui a exigé près de deux ans. Leur composition stable définitive est mise ci-après en présence de leur composition initiale.

DÉSIGNATION DES GANGUES.	COMPOSITION DES GANGUES au moment de leur immersion	COMPOSITION DES GANGUES, après leur transformation définitive.
A chaux grasse et pouzzolane d'Italie, tenant, outre la silice, l'alumine et le fer, 4,70 de magnésie et 8,80 de chaux.	Chaux additive . . . . . . 15,99 Magnésie . . . . 4,62 Éléments pouzzolaniques . 79,39 } 100,00 Y compris la chaux qui leur appartient.	Chaux de la pouzzolane. . 4,95 Carbonate de chaux. . . . 5,54 Magnésie combinée . . . . 11,50 Éléments pouzzolaniques. 75,20 } 99,97
A chaux grasse et pouzzolane artificielle d'argile ocreuse.	Chaux additive . . . . . . 13,21 Silice . . . . 57,82 Alumine. . . . . 19,75 Peroxyde de fer. . . . . 9,21 } 100,00	Chaux combinée. . . . . . 0,25 Carbonate de chaux. . . . 5,40 Magnésie combinée . . . . 5,29 Éléments pouzzolaniques . 93,60 } 99,94
A chaux grasse et pouzzolane artificielle d'argile pure.	Chaux additive. . . . . 13,92 Silice . . . . 5,63 Alumine et traces de fer. . 50,15 } 100,00	Chaux combinée . . . . . 2,23 Carbonate de chaux. . . . 5,38 Magnésie combinée . . . . 7,12 Éléments pouzzolaniques . 85,80 } 98,83
A chaux grasse et pouzzolane artificielle d'argile pure tenant du sable quartzeux.	Chaux additive. . . . . . 15,01 Silice . . . . 42,61 Alumine et traces de fer. . 28,52 Magnésie . . . . 2,00 Sable . . . . 14,00 } 100,00	Chaux combinée . . . . . 2,13 Carbonate de chaux . . . 2,01 Magnésie combinée. . . . 6,57 Éléments pouzzolaniques . 88,11 } 99,85
A chaux grasse et magnésie en faibles proportions, contre une pouzzolane artificielle d'argile pure.	Chaux additive . . . . . . 2,93 Silice . . . . 0,65 Alumine. . . . . 32,69 Magnésie additive. . . . . 3,73 } 100,00	Carbonate de chaux. . . . 1,10 Carbonate de magnésie. . . 1,66 Magnésie combinée . . . . 3,85 Éléments pouzzolaniques . 93,00 } 99,91
A chaux dolomie, et pouzzolane artificielle d'argile pure, la chaux dolomie tenant : chaux 0,64, magnésie 0,36.	Chaux additive . . . . . . 3,99 Magnésie additive. . . . . 2,29 Silice . . . . 58,47 Alumine. . . . . 35,43 } 100,00	Carbonate de chaux. . . . 3,00 Carbonate de magnésie. . . 2,32 Magnésie combinée . . . . 3,03 Éléments pouzzolaniques . 90,64 } 98,99
A chaux grasse et pouzzolane artificielle d'une autre variété d'argile pure.	Chaux additive . . . . . . 8,00 Silice . . . . 55,61 Alumine. . . . . 34,50 } 100,00	Carbonate de chaux. . . . 2,67 Carbonate de magnésie. . . 1,81 Magnésie combinée . . . . 1,92 Éléments pouzzolaniques . 93,00 } 99,40
A chaux dolomie tenant : chaux 0,64, magnésie 0,36, et pouzzolane d'argile pure comme ci-dessus.	Chaux additive . . . . . . 5,65 Magnésie additive. . . . . 2,35 Silice . . . . 55,61 Alumine. . . . . . ; . . . 36,39 } 100,00	Carbonate de chaux. . . . 1,67 Carbonate de magnésie. . . 1,36 Magnésie combinée . . . . 3,01 Éléments pouzzolaniques . 93,80 } 99,84
A chaux grasse et pouzzolane d'argile pure.	Chaux additive . . . . . . 6,73 Silice . . . . 58,03 Alumine. . . . . 35,24 } 100,00	Carbonate de chaux. . . . 2,40 Magnésie combinée . . . . 3,51 Éléments pouzzolaniques . 93,90 } 99,84

Dans leur état d'imbibition au sortir des bains magnésiques, les composés transformés ci-dessus contenaient de 39 à 40 p. % d'eau, qui se réduisait de 11 à   % après dessication naturelle à l'air. On a cru devoir l'éliminer tout à fait des analyses, pour n'avoir à comparer que des principes fixes.

Les conséquences incontestables à tirer de ces rapprochements sur le travail d'élimination et de substitution opéré finalement dans ces gangues sont, pour les quatre premiers exemples : 1° la disparition des 80 centièmes au moins de la chaux additive; 2° le partage de la chaux restante en silicate inattaquable et en carbonate ; 3° l'introduction d'une notable quantité de magnésie donnant, selon toute probabilité, lieu à des silicates doubles concurremment avec l'alumine.

Il est à remarquer que l'élimination de la chaux porte principalement sur celle que nous appelons additive, et très-incomplètement sur celle qui a pu faire partie constitutive de la pouzzolane employée, quand celle-ci en contient notablement, comme la pouzzolane de Rome.

35. — Quant aux cinq dernières comparaisons où l'on a cherché à abréger le travail de l'action saline sur les gangues initiales, en n'y introduisant tantôt qu'à peu près la moitié de la dose de chaux ordinaire, tantôt que le quart, mais en suppléant l'autre quart par de la magnésie, on peut voir que, indépendamment des pouzzolanes, il n'est resté dans les gangues transformées que des carbonates de chaux et de magnésie, plus de la magnésie combinée, d'où il suit qu'il ne s'y trouve plus rien qui puisse donner prise à l'action saline.

L'avantage qui pourrait, en pratique, résulter de ces faibles dosages en chaux grasses ou magnésiennes, serait tout à fait négatif, attendu, d'une part, que l'économie ne porterait que sur les ingrédients les moins chers, et, de l'autre, que les composés résultant de ces dosages n'atteindraient pas, à beaucoup près, à la dureté que donnent les proportions ordinaires de 15 à 18 parties de chaux grasse pour 100 de pouzzolane. Nous avons reconnu, en effet, que si, pour ce dernier cas, la dureté au terme final est représentée par l'unité, elle ne l'est plus que par 0,40 ou 0,45 pour les doses de chaux magnésiennes réduites de 6,50 à 7,00, et par 0,20 ou 0,25 pour les mêmes doses de chaux pure. Le travail successif et lent par lequel les dissolutions salines opèrent les transformations des silicates confectionnés d'abord selon les proportions ordinaires, est donc bien plus efficace pour leurs duretés finales que les proportions de chaux réduites que l'on emploierait, *à priori*, dans l'intention d'abréger le temps de ces transformations.

36. — Les analyses suivantes des débris de quelques mortiers et autres composés hydrauliques désagrégés par l'eau de mer montrent clairement qu'ils ont péri en subissant le travail d'élimination et de substitution qui, au contraire, a assuré la stabilité de nos gangues à pouzzolanes d'argile réfractaire à peu près pures.

Débris d'une gangue à sable et pouzzolane artificielle ordinaire et chaux moyennement hydraulique de Blosville, immergée en 1844 en fondation à la tête *est* du môle *sud* du port de refuge à Cherbourg.	Sable, silice, alumine et fer.	74	00	
	Carbonate de chaux.........	11	02	100,00
	Carbonate de magnésie......	13	12	
	Sels solubles...............	1	86	
Débris d'une gangue à chaux grasse et traass du Rhin, avec tous les sels solubles dont ils étaient imprégnés en sortant de l'eau de mer.	Eléments du traass..........	86	00	
	Magnésie..................	4	39	100,00
	Sels solubles...............	9	61	
Débris d'une gangue à chaux grasse et pouzzolane artificielle fabriquée avec la terre à briques d'Alger, proposée en 1840 pour la confection des blocs du môle.	Eléments de la pouzzolane...	50	19	
	Magnésie..................	12	09	100,00
	Carbonate de chaux........	37	72	

On voit qu'il ne reste rien dans ces débris qui puisse donner prise aux sels magnésiens. L'analogie de leur composition avec celle des gangues devenues stables par leur transformation est, d'ailleurs, évidente.

ESSAIS DE COMBINAISONS DIVERSES TENDANT A L'AMÉLIORATION DES GANGUES
POUZZOLANIQUES DESTRUCTIBLES.

Premier cas : PAR LES PROPORTIONS DE CHAUX.

37. — Les faits observés en mer libre et dans le laboratoire ayant
démontré l'inconvénient, dans tous les cas, d'un excès de chaux
grasse dans les gangues à pouzzolane, il paraissait naturel d'essayer
l'effet des plus faibles proportions possibles de cette base, en prenant
pour dosages ceux mêmes qu'indique la saturation spontanée des
pouzzolanes dans l'eau de chaux (10 — 11). L'expérience avait fait voir
qu'avec ces faibles quantités on obtient, en eau douce, une cohésion
de gangue suffisante.

Les pâtes ainsi dosées ayant durci pendant six mois sous sable
frais, ont été ensuite, avec les précations prescrites (26), soumises
aux bains magnésiques ; or, il est arrivé qu'en moins d'un mois les
échantillons à pouzzolanes brunes, de Naples et du département de
l'Hérault, se sont fissurés en marchant à une ruine complète (tableau n° 6).

Les échantillons à pouzzolane grise de Naples, et à traass des
bords du Rhin, ont tenu bon pendant dix mois, en abandonnant
toujours de la chaux, sans que l'œil, armé d'une loupe, ait pu
discerner, sur leurs faces, le moindre signe d'altération. Mais l'autopsie, à cette époque, a mis en évidence une désorganisation s'éten-
dant de 10 à 12 millimètres de profondeur dans le tissu, et laissant
ces parties dans un si faible état de cohésion, que le simple clapotement d'une mer légèrement agitée les eût infailliblement emportées
au fur et à mesure de la perte de chaux qui s'effectuait. Le progrès
de cette désorganisation dans les bains magnésiques arriverait pro-

bablement jusqu'au centre des échantillons sans qu'aucune indication extérieure en avertit; nous en avons conservé près de deux ans en cet état, grâce au calme du liquide ambiant, et il n'y avait pas de raison pour en voir la fin.

38. — Ainsi, la trop grande maigreur des gangues, par défaut de chaux, loin d'être favorable à leur stabilité, n'a fait que hâter le progrès destructif en donnant à l'action saline une facilité d'accès qu'elle ne trouve pas dans les cas de dosage ordinaire. Cette facilité rend destructibles les gangues à pouzzolanes de Rome elles-mêmes, traitées avec 6 p. % de chaux caustique. Les pouzzolanes normales artificielles d'argile pure s'accommoderaient au contraire assez bien de ce minimum de chaux, s'il devait en résulter quelque avantage; mais, comme il y aurait trop à perdre sur la dureté finalement acquise (35), on devra s'en tenir aux proportions ordinaires de 15 à 18 parties de chaux pour 100 de pouzzolane.

Il est à remarquer que les pâtes formées avec ces dernières pouzzolanes sont généralement plus liées, plus grasses, et, conséquemment, bien moins pénétrables que celles que fournissent, dans les mêmes circonstances, les pouzzolanes volcaniques dont la poudre, si fine qu'elle soit, reste rude au toucher. C'est probablement une des causes des différences observées, les gangues à pouzzolanes artificielles mettant, à l'introduction de l'eau salée dans leur tissu, un obstacle qu'elle ne rencontre pas chez les autres.

On a trouvé généralement, dans les parties détériorées des gangues détruites, la même composition, ou, du moins, une composition analogue à celles des débris examinés ci-devant (21).

Deuxième cas : PAR ADJONCTION DE SILICE.

39. — L'induction théorique basée sur l'efficacité généralement

attribuée au principe siliceux nous a donné l'idée d'essayer l'effet d'une addition de silice aux pouzzolanes médiocres et insuffisantes. Nous avons pu réaliser cette idée à l'aide de craies tenant de 35 à 40 p. % de silice gélatineuse, et arriver ainsi à former des mélanges pouzzolaniques tenant quatre fois autant de silice que d'alumine, lesquels, combinés avec une proportion de chaux grasse proportionnelle à la partie argileuse, avaient acquis une belle dureté après neuf mois de séjour sous sable frais (tableau n° 6).

Ces gangues essayées à l'ordinaire, ayant perdu de la chaux sans interruption pendant dix mois d'immersion dans les bains magnésiques, devaient avoir subi des transformations chimiques et physiques intérieures qu'il fallait constater. L'autopsie a montré que, sans aucune apparence extérieure d'altération, cette perte de chaux avait, sur 4 à 5 millimètres de profondeur, anéanti à tel point toute cohésion, qu'en maniant les échantillons avec précaution, il était difficile de ne pas les émietter jusqu'au vif. Le simple clapotement d'une mer libre eût donc emporté ces parties à mesure que le sulfate magnésique les dépouillait de leur chaux.

40. —L'induction théorique sur l'efficacité du principe siliceux, appliqué de cette manière, n'a donc pas, à beaucoup près, conduit à l'amélioration attendue, tant il faut se défier des analogies. L'analyse des parties détériorées a donné, comme pour les gangues maigres précédentes, d'abord tous les éléments du composé pouzzolanique, plus une notable quantité de magnésie et quelques parties de sels solubles qu'un lavage eût emportées.

Ces gangues et celles du cas précédent (37), quoique très-différentes, offrent donc des exemples d'un mode d'altération qui, à raison de l'état tranquille du liquide dans lequel il s'opère, ne change ni le volume, ni la forme des échantillons, tout en leur ôtant graduellement la consistance ou cohésion qu'exige leur destination.

Ce deuxième exemple prouve que l'autopsie, telle que nous l'avons prescrite, est un complément d'investigation absolument indispensable.

Troisième cas : PAR L'EMPLOI DE CHAUX DOLOMIE.

41. — La chaux que nous avons employée provenait de la cuisson d'une véritable dolomie à structure cristalline. Nous l'avons appliquée aux pouzzolanes brunes et grises du Vésuve, à la pouzzolane brune de l'Hérault et à quelques pouzzolanes artificielles de terre à brique. Les gangues ainsi composées ont parfaitement durci sous sable frais, mais, à notre grande surprise, elles ont péri dans les dissolutions magnésiques d'une manière tout à fait déplorable. Ordinairement, la ruine des gangues destructibles s'annonce par des fissures voisines des arêtes et parallèles à ces mêmes arêtes, sur les échantillons cubiques ou cylindriques ; dans le cas actuel, il s'est formé, en moins de temps que pour le cas des simples gangues à chaux grasse, des crevasses en tout sens et sur tous les points.

L'intervention simultanée de la chaux et de la magnésie a donc produit des effets désastreux, ce qui a paru tout à fait inexplicable.

La même chaux dolomie n'a point provoqué la destruction des gangues à pouzzolanes normales d'argile blanche pure, ou à peu près.

Quatrième cas : PAR L'EMPLOI DE CHAUX HYDRAULIQUE.

42. — Il a été bien reconnu que, pour les travaux en eau douce, une excellente chaux hydraulique, combinée en proportions ordinaires avec une excellente pouzzolane, ne peut donner aux gangues une cohésion ou dureté aussi grande qu'une chaux grasse. L'intervention des chaux hydrauliques, au contraire, a toujours produit un bon effet

avec les pouzzolanes faibles ; il n'était donc pas hors de propos d'examiner si cette dernière observation se soutient dans le cas d'emploi en eau de mer (*i*).

(*i*) Les grandes avaries des ports de Saint-Malo, de la Rochelle et autres lieux furent des événements financièrement très-déplorables, mais impossibles à prévoir dans l'ignorance complète où l'on était, à cette époque (1843), de l'action saline sur la chaux. Le succès constant, en eau douce, des pouzzolanes artificielles produites par la cuisson ordinaire des argiles grossières ou terres à briques sans préparation, ou pétries avec une certaine quantité de chaux, selon le procédé de feu l'inspecteur général Bruyère, ce succès, disait-on, était tel, qu'il ne pouvait venir à la pensée que l'eau de mer donnerait un démenti aux prévisions en apparence les mieux fondées. Un homme éminent dans le corps des ponts et chaussées par sa grande expérience des travaux maritimes, feu Raffeneau, de Lille, n'hésitait pas, en 1840, à en proposer l'emploi exclusif pour la confection des blocs du môle d'Alger (Rapport à M. le Ministre des travaux publics, *Annales des ponts et chaussées*, de mai et juin 1841), en s'appuyant d'exemples empruntés depuis un assez grand nombre d'années, disait-il, aux travaux du port de Calais et de tout le littoral de la Manche, depuis l'embouchure de la Seine jusqu'à la frontière du nord, où l'emploi des pouzzolanes artificielles était suivi d'un succès constant, et cela était vrai pour le cas des massifs de maçonnerie revêtus en pierres de taille, et, par là, inaccessibles à l'eau salée. L'administration des travaux publics, en 1841, ne pouvait qu'accueillir une innovation qui semblait promettre de grandes économies.

Diverses circonstances vinrent, fort heureusement, retarder l'emploi de la pouzzolane proposée pour les travaux d'Alger, car, très-peu de temps après, l'action saline se prononçait d'une manière effrayante sur les essais confectionnés comme épreuve. Ce fut à partir de ce moment que je me livrai aux recherches publiées en 1846, recherches qui ont mis en évidence les causes chimiques de la destruction et qui ont eu, au moins, le mérite d'avoir tenu les ingénieurs en garde contre de nouvelles catastrophes. Ce service, si faible qu'il soit, a été apprécié avec reconnaissance par tous les constructeurs français et étrangers appelés à diriger des travaux à la mer.

Nous avons consigné dans le tableau n° 5 les faits observés à ce sujet; on les trouvera généralement concluants en faveur de l'adjonction, aux pouzzolanes médiocres, des chaux hydrauliques choisies pour cette expérience, mais dans une mesure qui ne satisfait pas complétement à la solution qu'on avait en vue. Les résultats sont, d'ailleurs, si variables et dépendent si particulièrement de la qualité de chaque pouzzolane, qu'il est impossible de formuler une prescription tant soit peu précise. Les améliorations obtenues se sont bornées, en effet, pour quelques gangues, à retarder de peu de jours seulement les symptômes de destruction; pour d'autres, à prolonger ce retard de trois à cinq mois. Il est très-possible qu'un tel retard donnât à la mer le temps d'employer efficacement les moyens de préservation dont elle dispose; mais c'est là une de ces hypothèses que, malheureusement, le laboratoire ne saurait vérifier.

Il ne serait pas impossible qu'en étudiant mieux qu'on ne l'a fait jusqu'à ce jour les proportions de pouzzolane qui conviennent à la quantité de chaux en excès sur celle qu'exige la formation d'un silicate neutre dans une chaux éminemment siliceuse, telle que celle du Theil, on n'arrivât à d'excellents résultats. Or, dans cette hypothèse, en adoptant le rapport de 6,00 à 11,20 pour celui de la silice à la chaux dans le silicate neutre, on trouve qu'à 100 parties anhydres d'une bonne chaux du Theil exactement cuite il faudrait n'ajouter que 238 parties de pouzzolane de Rome, tandis qu'en appliquant les proportions ordinaires adoptées sur les chantiers, on en ajoute 500 parties, c'est-à-dire plus du double de ce qu'il faut.

On ne manquera pas de remarquer, dans le tableau n° 5, comme nous l'avons annoncé (27), l'effet utile du passage des gangues pouzzolaniques à chaux hydraulique par l'eau pure comme abrégeant considérablement le temps après lequel apparaissent les premiers signes d'altération dans les épreuves ordinaires; cette observation devra être mise à profit toutes les fois qu'on voudra gagner du temps dans des circonstances analogues.

43. — Le mode d'essai que nous venons d'appliquer aux combinaisons de diverses variétés de pouzzolanes et de chaux grasses et hydrauliques met dans la plus grande évidence la manière dont le sulfate de magnésie les attaque, et l'on reconnaît sans peine celles d'entre elles qui rentrent dans la catégorie indiquée précédemment (33), comme devenant stables par la transformation qu'opère spontanément dans leur constitution chimique la mer libre ou non.

Quant aux autres, on voit qu'elles périssent tantôt par la dislocation des masses en fragments qui, plus tard, tombent en miettes; tantôt par des érosions continues qu'aucune force physique ne provoque; tantôt, enfin, par une perte de cohésion qui s'opère invisiblement sous une croûte mince et fragile qui ne peut subsister que dans un liquide calme, sans agitation aucune.

La mer libre pourrait seule nous apprendre ce qu'il adviendrait de ces dernières combinaisons si elles y étaient plongées; cette mer tendrait, selon les parages, à les tapisser de coquillages et de plantes ou mousses marines, comme elle le fait habituellement sur d'autres corps; mais la rapidité avec laquelle certaines de ces combinaisons succombent donnerait-elle à ces enduits le temps de s'y fixer et de couvrir suffisamment leurs surfaces? Cela est peu probable; il ne faudrait donc pas compter sur cet effet conservateur de la mer libre à l'égard des gangues qui périssent en quelques jours dans nos dissolutions magnésiques, comme, par exemple, toutes celles dont les pouzzolanes proviennent de la cuisson ordinaire des argiles grossières ou terres à briques et à poterie chargées en sable, fer et carbonate de chaux, gangues reconnues déjà, par le fait, très-dangereuses pour les travaux à la mer.

44. — En résumé, les composés pouzzolaniques désignés ci-devant comme indestructibles comprennent en première ligne, comme on l'a déjà dit (33), toutes les combinaisons de chaux grasses et de pouzzolanes artificielles produites par la cuisson modérée des argiles pures ou à très-peu près, contenant depuis 20 jusqu'à 40 pour %

d'alumine (*j*), et, de plus, certaines argiles ocreuses formant la gangue de ces sables connus dans quelques localités sous le nom d'arènes ; il faut y joindre les argiles kaolines et, en fait de pouzzolanes volcaniques, la seule pouzzolane de Rome de premier choix.

Les argiles spéciales dont nous venons de parler, préalablement travaillées et pétries en mottes à texture légère et poreuse et très-peu cuites sous cette forme, donnent des résultats équivalents à ceux que l'on obtient par leur cuisson sous forme pulvérulente ; mais si la chaleur dépasse 800° centig. et atteint, par exemple, celle des fours où l'on cuit les pipes, laquelle fond le cuivre et au-delà, le but est manqué. Les pipes, en effet, pulvérisées et employées comme pouzzolane avec la chaux grasse, donnent des produits qui se fendillent et s'émiettent après 7 à 8 mois de séjour dans nos dissolutions magnésiques, tandis que l'argile dont elles se composent, modérément cuite, égale en valeur, comme pouzzolane, toutes celles du même genre.

ESSAIS SUR LES CIMENTS.

45. — La nécessité de préserver les ciments gâchés de l'influence

---

(*j*) On trouve des argiles pures près de Strasbourg ; à Hayange (Moselle) ; à Forges et Saint-Aubin les Fous (Seine-inférieure) ; à La Colonne et à Plaignes (Seine et Marne) ; à la Bouchade et à l'Echassière (Allier) ; au Creuzot (Saône-et-Loire) ; à Vanvres (Seine) ; à Clarac (Aveyron) ; à Vire (Calvados) ; à Leyval (Seine-Inférieure) ; à L'Argentière (Indre) ; à Nuzéjoul et à Loupiac (Lot) ; dans la forêt d'Abondant (Eure-et-Loir) ; dans la forêt de Chambaran (Isère) ; dans les environs de Saint-Esprit (Gard), et en beaucoup d'autres localités. Les environs de Quimper et de Châteaulin (Finistère) fourniraient des argiles de ce genre et des argiles kaolines possédant des propriétés analogues.

de l'acide carbonique pendant leur durcissement, si l'on veut les rendre sensibles aux épreuves, sera suffisamment démontrée par le fait suivant, savoir : que nous avons pu conserver parfaitement intactes, en eau de mer, pendant plus de six ans, de petites boules de ciment qui, avant leur immersion, avaient eu le temps de se revêtir d'une petite croûte dans laquelle la chaux s'était carbonatée. Cette croûte n'avait pas plus de deux à trois millimètres d'épaisseur. Ces boules, sciées en deux et immergées de nouveau en cet état, étaient attaquées en peu de jours et vidées de leurs parties intérieures, en laissant la croûte intacte en forme de calotte, absolument comme on aurait pu le faire avec un outil.

46. — Les ciments, ainsi que nous l'avons dit, contiennent tous une certaine quantité de chaux qu'ils abandonnent à l'eau distillée quand on les y plonge, soit immédiatement après la première prise qui suit le gâchage, soit quelque temps après, pourvu qu'ils aient durci hors de l'influence de l'acide carbonique. Ces quantités de chaux abandonnées varient non-seulement de ciment à ciment, mais aussi chez un même ciment, selon la consistance plus ou moins forte donnée à la pâte dans l'opération du gâchage. Nous avons cherché quelles relations elles pouvaient avoir avec la manière d'être des ciments correspondants dans les dissolutions magnésiques : rien de concluant n'est sorti de ces rapprochements. On a remarqué, cependant, que les ciments qui, au degré ordinaire de cuisson, bravent avec le plus de succès l'action saline, sont aussi, sans exception, ceux qui abandonnent le moins de chaux à l'eau pure; mais le fait réciproque n'a pas lieu. Les quantités de chaux perdues ou dissoutes varient, dans ce cas, de 4 à 16 pour cent quand on opère sur les ciments en poudre vive.

47. — Il était donc indispensable de recourir aux dissolutions de sulfate magnésique pour obtenir le classement certain de ces composés, par rapport à leur tenue en eau de mer; les résultats auxquels

nous sommes arrivé sont consignés dans le tableau n° 7. Ils nous montrent :

1° Des ciments restant indéfiniment intacts au-delà du dixième mois, en conservant toute la vivacité de leurs arêtes, lorsque les échantillons sont immergés sous forme prismatique ;

2° D'autres dont l'altération commence à se manifester du deuxième au septième mois, tantôt par des espèces d'efflorescences blanchâtres qui se développent graduellement sur les arêtes, qu'elles émoussent plus ou moins profondément, tantôt par des fissures parallèles à ces mêmes arêtes, fissures dont les progrès en profondeur sont très-lents ;

3° D'autres, enfin, qui se fissurent, s'exfolient du huitième au vingt-cinquième jour en marchant à une ruine complète.

Ces derniers seuls paraissent avoir échoué en mer libre, mais les expériences faites dans divers ports n'ont, jusqu'à présent, établi aucune distinction bien nette entre la première et la seconde classe quant à la stabilité, bien qu'elle soit importante à constater et qu'il ne nous soit pas permis de confondre en valeur les ciments qu'elles comprennent (*k*).

(*k*) Nous extrayons ce qui suit de notre correspondance avec M. l'Ingénieur en chef Garnier, directeur des travaux hydrauliques du fort Boyard : « Le ciment « de Guetary fut employé à la confection de 26 blocs en maçonnerie de moellon, « de 15 mètres cubes chacun ; le mortier, gâché à l'eau douce et employé avec « beaucoup de soin, était composé d'une partie de ciment en poudre et d'une « partie de sable de mer de grosseur moyenne. Presque tous ces blocs ont été « portés au fort et immergés dans les mois d'octobre et novembre 1848. Ils sont « restés intacts jusqu'au mois d'août 1850, époque à laquelle on remarqua que trois « d'entre eux commençaient à se décomposer. Au printemps de 1851, ces trois « blocs étaient en partie démolis, et tous les autres, sauf un seul, commençaient

48. — Si, après dix-huit mois et plus, on dégage les pièces de ciment de la seconde classe des petits éclats et autres parties superficielles détériorées, on trouve la masse restante aussi saine que si elle appartenait à un ciment de la première classe. Une longue expérience pourra seule dire si les causes destructives se borneront ou non, pour les grandes masses, à ces dégâts superficiels, et si, pendant qu'elles y donnent lieu, les parties intérieures n'auront pas acquis une cohésion chimique capable d'y résister. Il ne serait pas impossible que la forme même des échantillons exerçât une certaine influence, et qu'en l'absence des arêtes, la forme sphérique, par exemple, ne donnât aucune prise à ces fissures qui n'apparaissent, en effet, qu'à une petite distance et des deux côtés des angles solides formés par la rencontre des surfaces, car, excepté chez les ciments de la troisième classe, éminemment destructibles, nous n'avons jamais vu les fissures se prononcer loin des arêtes, soit sur les surfaces

---

« à s'altérer. Leur décomposition a fait, depuis, de grands progrès, et le dernier,
« jusqu'alors épargné, a commencé aussi à être attaqué.

« On avait eu soin de faire prendre un échantillon du mortier employé pour
« chaque bloc et de les immerger sous forme de prismes dans un cuvier plein
« d'eau de mer changée tous les trois jours. Ces prismes, visités au mois d'août
« 1850, furent trouvés tous intacts, à l'exception d'un seul qui avait été cassé
« et présentait, dans sa cassure, quelques traces d'altération. On en fit alors
« casser quelques autres qui portèrent moyennement 11 kil. 46 par centimètre
« carré, preuve qu'ils étaient alors bien conservés, mais qui, maintenant, se
« décomposent aussi, tandis que ceux qui sont restés entiers et qui sont, sans
« doute, préservés par une couche de carbonate de chaux, ne s'altèrent pas. »

Cette citation ne laisse aucun doute sur le rôle qu'a joué l'acide carbonique dans ces diverses circonstances. Elle vient confirmer ce que nous avons dit des précautions à prendre pour l'empêcher de masquer l'action saline et rendre les essais illusoires.

planes, soit sur les surfaces courbes (*l*). Il se passe, d'ailleurs, des choses tout aussi étonnantes, ne fût-ce que cette propriété singulière des ciments de devenir bien plus difficilement destructibles lorsqu'ils ont abandonné, préalablement, à l'eau pure, toute leur chaux superficielle soluble, avant l'immersion en dissolution magnésique, que lorsqu'on les y plonge immédiatement au sortir des bocaux (*m*).

En somme, les ciments parfaits, sur lesquels on peut compter sans la moindre inquiétude, sont ceux qui composent la première classe, c'est-à-dire ceux qui, tout en n'abandonnant aucune portion de chaux dosable à dater de leur mise en réserve (26), conservent jusqu'au dixième mois, pendant la contre-épreuve et indéfiniment au-delà, leurs arêtes vives sans la moindre apparence de fissures dans le voisinage. Sur ces ciments, les transformations analogues à celles qui ont lieu chez les gangues pouzzolaniques indestructibles ne s'étendent, évidemment, qu'à une très-petite profondeur; les quantités totales de chaux superficiellement perdues par suite, varient définitivement de 0ᵏ30 à 0ᵏ60 par mètre carré.

49. — Le degré de cuisson appliqué aux ciments joue, en eau de mer comme en eau douce, un rôle très-remarquable; on peut en voir les effets, dans le tableau n° 7, sur les ciments de Guetary, de Vitry-le-Français et de Vassy, qui, attaqués en quelques jours dans le cas de cuisson ordinaire, ne le sont qu'après plusieurs

---

(*l*) Cette remarque a été faite aussi dans les expériences entreprises à Alger, par M. l'Ingénieur Ravier (*Annales des ponts et chaussées* de juillet et août 1854).

(*m*) Lorsqu'on vient à considérer que cet effet des bains d'eau pure précédant l'immersion a eu lieu, en sens contraire, sur les gangues à pouzzolanes et sur les mortiers hydrauliques, on recule devant toute tentative d'explication.

mois lorsque cette cuisson est poussée jusqu'à un terme voisin de la fusion pâteuse.

On remarquera sans doute aussi, dans le même tableau, le fâcheux effet de l'introduction du sable dans les ciments gâchés, introduction cependant nécessaire dans la plupart des cas d'emploi. La ruine des échantillons à sable et ciment de Portland a, en effet, devancé de beaucoup l'époque de l'apparition des premiers symptômes d'attaque sur le même ciment employé pur, et ces échantillons ont péri d'autant plus rapidement, que le sable s'y est trouvé en plus forte dose. Or, le sable ne dénature certainement pas le ciment, mais il oblige à y mettre plus d'eau, ce qui en augmente la porosité et rend l'agrégat plus accessible à l'eau salée dans son tissu. Ce même ciment de Portland est pourtant employé avec deux volumes de sable pour un, à Cherbourg et ailleurs, mais les végétations sous-marines, dans ces parages, couvrent en peu de temps et si efficacement les ciments et autres composés hydrauliques immergés, que l'action saline ne peut les atteindre (*n*). Toujours est-il que la consistance de gâchage donnée à un ciment joue un rôle important dans sa tenue en eau de mer, et à ce point, que tel ciment qui y périt en quelques mois lorsqu'on l'emploie à consistance de coulis, peut résister très-longtemps, et peut-être indéfiniment, lorsqu'on le gâche avec le moins d'eau possible. Cela tient, évidemment, aux différences de compacité dans ces deux cas; on peut, en effet, avec un même volume de ciment, en graduant progressivement la quantité d'eau employée, produire des volumes variables du simple au double,

---

(*n*) M. Bresson, ingénieur attaché aux travaux de Cherbourg, nous écrit que des blocs liés avec ce ciment chargé en sable et non protégés par le ciment de Medina, se sont recouverts d'une végétation sous-marine tellement abondante et si touffue, que l'on ne peut distinguer, en aucun point, le nu des faces des blocs, et lorsqu'on les écorne à coup de masse, ils laissent voir un intérieur parfaitement intact. L'action saline sur l'intérieur est donc complétement interceptée par cette végétation.

et dont les densités marchent, par conséquent, en sens inverse, tandis que les facultés d'imbibition ou de pénétration par l'eau de mer croissent dans une proportion bien plus grande que celle des volumes. Tel ciment qui, gâché ferme et durci à l'air, ne prend, par imbibition d'eau, que les 0,153 de son poids, peut, dans les mêmes circonstances, en absorber une quantité égale à son propre poids, s'il a été gâché à l'état de coulis.

50. — Les faits observés par M. l'ingénieur en chef Garnier et rapportés dans la note (*k*) établissent qu'il a fallu, en mer libre, 21 mois pour s'apercevoir de l'insuffisance du ciment de Guetary tel qu'il est livré au commerce, et que sans la cassure fortuite d'une des briquettes d'essai du laboratoire, cet essai aurait pu les signaler toutes comme indestructibles. Or, notre procédé n'a exigé que 15 jours pour montrer le danger. On peut remarquer, dans le même tableau numéro 7, qu'un degré de cuisson très-élevé a fait remonter de la troisième classe à la seconde des ciments éminemment périssables, cuits au degré ordinaire.

51. — Il résulte de l'exposé qui précède que tous les ciments actuellement dans le commerce sont loin d'offrir aux travaux sous-marins les mêmes garanties de durée, et que, si le laboratoire ne peut faire connaître ceux que la mer respecterait, grâce à ses incrustations conservatrices, quoique périssant dans les dissolutions magnésiques, il désigne toujours, au contraire, sans équivoque et dans un temps très-court, ceux qui n'ont pas besoin de ces moyens pour rester indestructibles.

La présence accidentelle d'une certaine quantité de sulfate de chaux dans un ciment jusqu'alors excellent, pourra en rendre l'emploi très-dangereux. C'est probablement là la cause de l'insuccès des ciments de Vassy et de Grenoble, de cuisson moyenne; un coup de feu plus violent peut expulser une certaine quantité d'acide sulfureux et attaquer en même temps les parties quartzeuses inertes, en les changeant en parties actives lorsqu'elles sont très-fines.

De là la nécessité d'une extrême réserve quand il faut prononcer sur le mérite ou l'insuffisance de telle ou telle exploitation de ciment plus ou moins accréditée. Il peut, en effet, d'un instant à l'autre, s'y produire, à l'insu même des exploitants, lorsqu'ils sont incapables de s'en rendre compte, des changements de qualité en bien ou en mal, soit par des variations naturelles dans la constitution des bancs marneux employés, soit par la présence, dans les combustibles, de substances capables de dégager de grandes quantités d'acide sulfureux.

Voici ce que nous écrivait, en avril et mai 1853, l'habile inspecteur général M. Reibell, directeur des travaux hydrauliques du port de Cherbourg :

« Les blocs artificiels ayant pour gangues un mélange de sable
« et de ciment de Portland et de Medina laissèrent voir sur leurs
« faces des fendillements qui nous parurent de mauvaise nature ;
« notez que ces blocs sont confectionnés à basse mer, sur les ris-
« bermes des murailles de la digue, et, après un durcissement d'un
« mois, on les soulève et on les porte au large des musoirs extrêmes
« de cette digue dont ils doivent protéger les fondations.

« Pour nous assurer lequel était en défaut, du ciment de Medina
« ou de celui de Portland *récemment livré*, nous avons fait confec-
« tionner des blocs avec les deux ciments séparément. Les premiers
« ont parfaitement tenu ; les autres ont éprouvé immédiatement des
« fendillements superficiels devenus ensuite de larges fissures, et
« l'eau de la mer pénétrant par ces fissures a provoqué comme une
« espèce d'*explosion centrale* qui a réduit le bloc en menus morceaux.

« Les mêmes phénomènes se sont produits en eau douce, ce qui
« a fait supposer, dans le ciment, ou de la chaux vive ou du plâtre
« cuit, l'extinction, pour l'une, et le gonflement, pour l'autre, devant
« produire le même effet.

« J'ai prié M. Besnon, pharmacien en chef de la marine, de cher-
« cher le sulfate de chaux, et il en a trouvé 8 %. »

M. Reibell expose ensuite comment des mélanges artificiels de plâtre ou de chaux vive en poudre avec le ciment de Medina ont donné lieu aux mêmes phénomènes. Cette synthèse laissait planer un doute de fraude commerciale sur les exploitants; mais des explications satisfaisantes ont démontré que le plâtre seul avait causé les accidents, et que sa présence dans le ciment provenait des matériaux mêmes employés à sa confection, ce qui, tout en justifiant la bonne foi des exploitants, prouve en même temps le danger auquel on est continuellement exposé et la nécessité d'y prendre garde.

Ces accidents, indépendants de l'action saline, se sont reproduits, en dernier lieu, sur une petite échelle, dans l'emploi des ciments Portland de fabrique anglaise (White). « J'ai vu (m'écrit M. l'ingé-
« nieur Bresson, attaché aux travaux de Cherbourg), récemment
« encore des assises de pierres de taille soulevées par la force
« expansive de ce ciment, quelques jours après son emploi. Ces
« assises n'avaient jamais été mouillées par l'eau de mer ni même
« par l'eau douce, si ce n'est par la pluie. Ces faits sont rares,
« heureusement, mais il faut veiller constamment à la qualité du
« ciment White. Les moindres fendillements qui se produisent sur les
« briques d'essai annoncent un ciment de mauvaise qualité. »

52. — Nous avons comparé ci-après divers ciments sous le rapport de leur composition, du degré de cuisson qu'ils ont subi, de la dureté finale à laquelle ils sont arrivés, et de leur manière d'être dans nos dissolutions magnésiques.

On voit sur-le-champ, par ces rapprochements, que les ciments résistant à l'action saline ne le doivent ni à leur dureté spéciale, ni à la composition en silice et alumine de leur argile, mais bien à la proportion de celle-ci par rapport à la chaux; d'où il faudrait conclure que lorsque dans un ciment l'argile proprement dite, fer et autres matières à part, ne forme pas au moins les quatre-vingts centièmes de la chaux caustique, ce ciment, considéré dans sa valeur intrinsèque pour l'eau de mer, n'offre aucune garantie absolue.

NOMS DES CIMENTS	COMPOSITION DES CIMENTS POUR 1,00 DE CHAUX.				TOTAL sans fer ni sable.	STABILITÉ en EAU DE MER.	TÉNACITÉS FINALES par centimètre carré.	DEGRÉS DE CUISSON.
	Silice.	Alumine.	Magnésie	Fer et sable.				
De Cahors......	0,584	0,273	0,109	0,123	0,966	résiste.	7k.27	Cuisson ord^re.
Médina anglais...	0,418	0,129	0,322	0,291	0,899	résiste.	10 27	*Id.*
Id. d'un 2e envoi.	0,167	0,131	0,200	0,238	0,801	douteux.	10 00	*Id.*
Ancien Boulogne.	50,68	0,191	0,032	0,116	0,814	résiste.	6 5	*Id.*
Artificiel avec argile pure.......	0,517	0,283	»	»	0,805	résiste.	6 92	*Id.*
Artificiel avec argile ordinaire à poterie.... ...	0,629	0,171	»	0,159	0,800	résiste.	7 20	*Id.*
St-Ismier(Isère)..	0,550	0,173	0,044	0,115	0,767	douteux.	11 32	*Id.*
Pouilly en Auxois.	0,521	0,202	»	0,103	0,726	attaqué.	9 84	*Id.*
Porte de France (Isère)........	0,359	0,220	0,036	0,032	0,618	attaqué.	9 17	Forte cuisson
Guetary (B.-Pyr.)	0,421	0,162	»	0,103	0,583	fortem. att.	7 50	Cuisson ord^re.
Vitry le Français.	0,359	0,179	»	0,077	0,538	fortem. att.	8 00	*Id.*
Butte Chaumont (Paris)........	0,367	0,133	0,038	0,073	0,538	attaqué.	17 00	*Id.*
Portland de Boulogne,........	0,406	0,117	»	0,072	0,523	fortem. att.	27 00	A fusion pâteuse.
Valentine (Bouches du Rhône).	0,336	0,121	0,011	0,060	0,471	fortem. att.	10 30	Cuisson ord^re.
Portland White..	0,362	0,101	»	0,062	0,466	attaqué.	12 50	A fusion pâteuse.
Artificiel avec argile pure.......	0,420	0,230	»	»	0,650	attaqué.	9 56	Cuisson ord^re.
Artificiel avec argile ordinaire à poterie	0,393	0,106	»	0,099	0,500	attaqué.	9 00	*Id.*
Vassy (Avallons)..	0,248	0,114	»	0,123	0,362	fortem. att.	8 07	*Id.*

Le ciment espagnol de Zumaya, qui résiste depuis fort longtemps dans la rade de Saint-Sébastien et passe pour indestructible, a 0,97 pour indice de stabilité en eau de mer, ce qui vient à l'appui de nos observations.

ESSAIS SUR LES MORTIERS HYDRAULIQUES.

53. — Nous avons pensé qu'il serait utile de donner, par quelques exemples consignés dans le tableau suivant, une idée de la manière dont les chaux hydrauliques peuvent se modifier dans l'eau

pure quand on y interdit tout accès à l'acide carbonique ; à cet effet nous avons noyé, dans des quantités suffisantes d'une telle eau et jusqu'à équilibre entre son action dissolvante et la stabilité chimique des nouvelles combinaisons formées, quelques types de chaux hydrauliques, les unes éminemment siliceuses, et les autres éminemment argileuses. Le départ de la chaux libre ou faiblement combinée dans ces chaux en a ramené la composition à la limite que n'atteignent que très-rarement les ciments les plus chargés en argile, et par une voie qui interdit toute autre assimilation entre ces silicates.

QUALITÉ ET DÉSIGNATION DES CHAUX ÉMINEMMENT HYDRAULIQUES EMPLOYÉES.	APRÈS L'ACTION DE L'EAU PURE, ON A TROUVÉ SUR 100 PARTIES DE SILICATES INSOLUBLES,			OBSERVATIONS.
	Chaux.	Silice.	Alumine.	
Chaux plongées vives en eau pure.				La très-faible quantité de fer et magnésie contenue dans ces chaux est comprise dans les chiffres alumine.
Chaux n° 1 de l'Ardèche, siliceuse	42,818	47,993	9,187	
Chaux n° 3 de Sassenage, siliceuse	46,412	45,170	8,418	Les chaux durcies en vases clos après leur extinction en pâte forte, ont été broyées à l'eau pure et à la molette avant d'être immergées.
Chaux n° 6 du Cher, argileuse ...	42,932	39,358	17,490	
Chaux hydratées ayant durci sous l'eau en vase clos, hors d'atteinte de l'acide carbonique.				La macération aqueuse qui a fourni les résultats ci-contre a duré plus de six mois, pendant lesquels les bains étaient fréquemment renouvelés.
Chaux n° 1, comme ci-dessus...	54,680	38'030	7,290	
Chaux n° 6, comme ci-dessus...	48,830	41,300	15,700	

Il résulte de ce tableau que lorsqu'on présente à l'action saline un mortier ayant passé par l'eau pure, ainsi qu'il a été dit (27), la chaux superficielle sur laquelle cette action se fait sentir immédiatement n'a plus sa composition initiale, et c'est probablement la cause ou l'une des causes de l'apparition plus prompte des signes de dégradation quand ils doivent avoir lieu, quoique les faits inverses, observés sur les ciments de composition analogue dans les mêmes circonstances, puissent très-difficilement se concilier avec cette explication.

54. — Il était impossible, pour les expériences que nous allons

aborder, aussi bien que pour les précédentes, de mettre dans le texte tous les détails qu'elles comportent sans se jeter dans des longueurs et des redites rebutantes; nous renvoyons donc au tableau n° 8 pour que l'on puisse suivre de plus près la discussion suivante.

On y remarquera que, parmi les mortiers hydrauliques à chaux naturelles, deux d'entre eux seulement ont pu subir les épreuves jusqu'au-delà de la deuxième année d'immersion, à savoir : les uns, pendant 25 à 30 mois, les autres, jusqu'au moment où nous rédigeons ce Mémoire, c'est-à-dire pendant quatre ans et plus, étant encore intacts à cette époque.

Ces mortiers appartiennent aux chaux éminemment siliceuses de l'Ardèche et de l'Isère. La silice y forme des 83 aux 87 centièmes de l'argile hydraulisante.

Quant aux autres variétés de mortiers à chaux hydrauliques tant naturelles qu'artificielles, passant par tous les degrés d'énergie, depuis 0,14 jusqu'à 0,41 d'argile ordinaire pour 1,00 de chaux, on voit qu'à une seule exception près, aucun d'eux n'a pu se maintenir au-delà du sixième mois. L'exception a porté sur un mortier à chaux artificielle exclusivement siliceuse, c'est-à-dire sans alumine ni magnésie, lequel mortier a tenu bon jusqu'au dix-septième mois sans altération.

55. — Si nous faisons remarquer maintenant que les mortiers à chaux de l'Ardèche, bien qu'attaquables parfois, comme nous venons de le dire, après deux ans d'immersion dans les dissolutions magnésiques du laboratoire, résistent, néanmoins, depuis plus de dix ans en mer libre de la Méditerranée, et, de plus, que les mortiers à chaux de Doué et de Paviers, qui passent pour les meilleurs de ceux que l'on emploie sur les côtes de la Manche, y périssent, sans revêtements, du dix-huitième au vingtième mois, et ne tiennent pas au-delà du sixième dans nos dissolutions, on sera convaincu que, quoique très-étendues, ces mêmes dissolutions agissent plus énergiquement que la mer libre, parce que celle-ci, sans aucun doute,

possède des moyens de préservation qu'elle n'a plus, réduite à ses seuls principes salins.

Il suit de là, qu'il n'y a pas nécessité d'une résistance indéfinie aux essais tels que nous les pratiquons dans le laboratoire, pour que les mortiers hydrauliques qui y sont soumis soient jugés capables de stabilité en mer libre; mais la question de savoir combien de temps doivent durer ces essais, pour donner cette certitude, est fort difficile; c'est à peine si nous osons, pour les mortiers à chaux de l'Ardèche, fixer une limite *minima* de deux ans, bien que ce que l'on observe depuis plus de dix ans à Alger, à Marseille et à Port-Vendres, sur leur intégrité, semble nous y autoriser parfaitement. Il est entendu, cependant que l'on doit regarder comme une cause certaine d'insuffisance, pour une mer quelconque, en premier lieu, d'abord, un trop faible degré d'hydraulicité dans les chaux employées, et secondement, une proportion d'alumine excédant le 1/5 de la totalité de l'argile hydraulisante dans ces mêmes chaux.

56. — Parviendra-t-on à fabriquer, à des prix modérés et de toutes pièces, des chaux hydrauliques assez riches en silice pour surpasser en qualité les chaux naturelles de l'Ardèche et autres équivalentes ? cela est fort désirable, et l'ingénieur qui résoudra ce problème aura rendu un grand service aux travaux maritimes. On a pu voir, d'ailleurs, dans le tableau n° 8, l'impuissance d'une chaux composée artificiellement par le mélange bien intime d'un ciment et d'une chaux grasse, comme aussi le mauvais effet d'une addition de silice fournie par une craie éminemment siliceuse, à la chaux naturelle de Paviers, ce qui prouve que l'effet du principe siliceux est soumis à des exceptions dont la cause est loin d'être connue, ainsi qu'on l'a déjà fait remarquer (39), en cherchant à améliorer quelques pouzzolanes.

57. — On retrouve dans l'examen des effets intimes de l'action saline sur les mortiers tout ce qu'on en a dit déjà (28) dans la

seconde partie de ce Mémoire, comme, par exemple, cette faculté laissée à quelques-uns d'entre eux de résister, en apparence, comme s'ils devaient le faire indéfiniment, quoique ayant pour gangues des chaux grasses ou faiblement hydrauliques, et cela par la protection d'une mince couche de chaux carbonatée, formée dans un bain d'immersion tranquille. Mais l'autopsie montre, sous cette enveloppe, une masse de sable à peine liée par un reste de gangue dénaturée et si faible de cohésion, qu'elle serait mille fois brisée par le simple clapotement d'une mer libre.

58. — Au total, on voit qu'aucun mortier destructible en mer libre ne peut échapper pendant plus de six mois à l'investigation qui résulte de l'application de notre procédé, quoiqu'il ne soit pas absolument impossible que, par l'effet de causes fortuites purement locales, tels de ces mortiers puissent se maintenir dans une mer riche en acide carbonique, en semences végétatives, et nourrissant, d'ailleurs, de puissantes masses de mollusques.

Nous terminons ce chapitre par quelques exemples de la composition de certains enduits sous-marins qui encroûtent des mortiers rendus, par cela même, indestructibles, savoir :

Enduit très-mince fixé sur un mortier hydraulique ayant séjourné six ans en eau de mer naturelle dans le laboratoire. Cet enduit se soulève et se détache du mortier quand on expose celui-ci à une dessication naturelle en plein air.	Sable, silice et alumine.... 5 12 Carbonate de chaux........ 12 02 Carbonate de magnésie.... 59 69 Magnésie libre ou combinée 22 75 Perte..................... 00 42	100,00
Composition d'une croûte mince formée sur un mortier dont elle masquait l'altération intérieure, en le rendant indestructible dans une eau de mer constamment très-calme.	Silice, alumine et fer...... 7 70 Carbonate de chaux........ 66 88 Carbonate de magnésie.... 9 37 Magnésie................. 16 05	100,00
Parties superficielles détachées sur environ 4 millimètres d'épaisseur, d'une brique de mortier à chaux de l'Ardèche, intacte depuis deux ans dans une dissolution étendue de sulfate de magnésie.	Parties quartzeuses de sable 46 35 Parties calcaires de sable... 10 23 Parties argileuses de sable. 2 20 Silice et alumine......... 8 40 Magnésie................. 3 25 Carbonate de chaux........ 21 37 Eau..................... 8 20	100,00

Toute la chaux libre ou combinée avec la silice et l'alumine a donc disparu de ces enduits ou encroûtements superficiels, dans

lesquels l'action saline n'a plus rien à prendre ; on verra, dans la
quatrième partie ci-après, des faits analogues empruntés à des mortiers
sous-marins d'une haute antiquité; faits qui tous tendent à établir
l'existence de ces transformations qui, tantôt en superficie, tantôt
en profondeur illimitée, ont protégé les composés hydrauliques contre
la destruction qui les eût atteints intégralement sans cela.

QUATRIÈME PARTIE.

EXAMEN DE DIVERSES GANGUES ET MORTIERS HYDRAULIQUES

ANTIQUES ET MODERNES, A L'ÉPREUVE DE L'ACTION SALINE.

BÉTONS EXTRAITS DE FRAGMENTS DE MOLES.

59. — On sait que les colonies grecques qui vinrent, en 1100 ou 1200 avant l'ère chrétienne, s'établir sur les côtes de l'Italie, y fondèrent des ports, à l'aide de jetées en blocs artificiels gigantesques, dont Vitruve nous a laissé la description; les Romains imitèrent, plus tard, ce système de constructions. Tout le rivage qui s'étend de Civita-Vecchia à Naples est parsemé de débris sous-marins de main d'homme, datant en partie de l'époque grecque, en partie de la domination romaine. Nous avons pu nous procurer quelques fragments de ces blocs, lancés à la mer devant Pouzzoles, et dont la chute, selon Virgile (o), ébranlait dans leur profondeur les îles voisines de Prochyta et d'Inarime.

(o) Virgile, en effet, dans une de ces figures dont la poésie fait habituellement usage, compare, ainsi qu'il suit, la chute de Bitias, tué par Turnus, à celle

Près de trente siècles ont passé sur ces monuments, dont il ne reste aujourd'hui que des débris informes, visibles près du rivage, à une profondeur variable d'un mètre à un mètre et demi. De puissantes incrustations de tuf calcaire en enveloppent une partie et semblent s'être formées pour en dérober les derniers vestiges à l'action du temps. L'analyse ne découvre, dans ces mortiers antiques, que les mêmes substances vulgairement employées sur les lieux dans les travaux hydrauliques de construction moderne ; mais elle dévoile les transformations séculaires qu'ils ont subies et en vertu desquelles l'action saline a cessé d'avoir prise sur eux (*p*). En voici la composition :

---

de l'une de ces piles (*pilæ*) énormes de maçonnerie, que l'on précipitait à la mer par les moyens décrits par Vitruve. (Voir les *Annales des ponts et chaussées* des mois de novembre et décembre 1849) :

> Qualis in Euboico Baiarum littore quondam
> Saxea pila cadit, magnis quam molibus ante
> Constructam jaciunt ponto ; sic illa ruinam
> Prona trahit, penitusque vadis illisa recumbit :
> Miscent se maria, et nigræ adtolluntur arenæ ;
> Tum sonitu Prochyta alta tremit, durumque cubile
> Inarime Jovis imperiis imposta Typhæo.
>
> *Eneidos, lib. IX, vers. 710 et seq.*

« Telle, jadis, sur le rivage Eubéen de Baie, tombe une pile de maçonnerie ;
« on lance à la mer celle-ci construite d'avance sur d'énormes dimensions ; telle,
« penchée, elle s'écroule et tombe fracturée au fond des eaux. La mer se trouble,
« des sables noirs sont soulevées ; alors Prochyta (Procida) tremble avec bruit
« dans ses profondeurs, ainsi qu'Inarime (Ischia), assise, par ordre de Jupiter,
« sur le géant Typhée, dure prison. »

(*p*) Il serait possible que, plus au large, l'analyse trouvât de la chaux simplement hydratée au centre de masses plus volumineuses, si elles existent. C'est à la complaisance de M. Lory, professeur de géologie à la Faculté des sciences de Grenoble, que nous devons ces échantillons recueillis dans un voyage qu'il fit à Naples en 1853.

Eau en partie combinée, en partie hygrométrique	17,350
Carbonate de chaux	20,227
Chaux constitutive de la pouzzolane employée	4,423
Magnésie	3,200
Silice, alumine et fer solubles dans les acides ou la potasse liquide	32,750
Résidu sableux insoluble par les mêmes agents	21,500
	99,450

Toutes les pouzzolanes grises ou brunes des régions comprises entre Baïe et le cap de la Campanella contiennent des quantités de chaux variables entre 4 et 9 %, intimement combinées avec la silice et l'alumine, dont ni l'acide carbonique, ni le sulfate magnésique ne peuvent les séparer. Conséquemment, il n'y a rien dans ces gangues antiques qu'actuellement l'action magnésique puisse atteindre. Or, il n'en a pas été ainsi dans l'origine, puisque, au rapport de Vitruve, elles se composaient d'une mesure de chaux en pâte pour deux de pouzzolane. Or, en prenant le cas minimum, la quantité de chaux devait approcher de 20 pour 100 de pouzzolane en poids. L'épaisseur du tuf calcaire qui encroûte aujourd'hui ces débris et la transformation de leur chaux en carbonate dénotent, dans la mer de ces parages, une grande quantité d'acide carbonique ou de bicarbonate de chaux. Cela tiendrait-il au voisinage du Vésuve et à des dégagements de gaz sous-marins? Cela est probable. Nous devons dire que, avant d'être lancés, les blocs antiques durcissaient à l'air au moins pendant deux mois; leur masse colossale n'avait rien de commun avec le petit volume de nos blocs modernes; aussi se cassaient-ils dans leur chute en plusieurs énormes fragments, ce que Virgile exprime par *illisa recumbit.*

DÉTON ANTIQUE TIRÉ DU SOUBASSEMENT D'UN TEMPLE DÉDIÉ A NEPTUNE (*q*).

66. — L'intérêt qui s'attache à l'examen de ce béton tient à l'histoire singulière de cette construction, qui, érigée d'abord sur le rivage, à quatre lieues de Civita-Vecchia, se trouve aujourd'hui plongée dans la mer par sa base.

Ce soubassement, qui forme une muraille d'environ un mètre d'épaisseur, revêtue d'un parement réticulaire du côté de la mer, semblerait, d'après cela, ne dater que du siècle d'Auguste. Ce serait donc dans l'intervalle qui nous sépare du premier siècle de l'ère chrétienne qu'auraient eu lieu les phénomènes géologiques d'abaissement qui ont placé sous la mer aussi le parvis du temple de Sérapis, à Pouzzoles.

Le béton de remplissage est très-médiocre ; il diffère essentiellement du mortier de pose des prismes quadrangulaires qui forment le parement ; c'est de ce dernier, pris vers la queue de ces prismes, à une vingtaine de centimètres de profondeur, que nous donnons la composition, savoir :

Eau en partie hygrométrique et en partie combinée	19,50
Carbonate de chaux	29,51
Chaux constitutive de la pouzzolane employée	5,01
Silice, alumine et fer solubles dans les acides	9,50
Résidu insoluble	36,00
	99,55

(*q*) Les curieux échantillons extraits de ce soubassement nous ont été procurés par M. Noël, inspecteur général des ponts et chaussées, directeur des travaux hydrauliques du port de Toulon.

Comme ce mortier a séjourné à l'air pendant plusieurs siècles avant sa submersion, il est probable qu'il y a contracté sa composition actuelle, et c'est ce que semble prouver, d'ailleurs, l'absence de la magnésie, qui ne manque jamais dans les gangues modifiées par l'action saline. Quoi qu'il en soit, on voit qu'il n'a rien à céder aux sels magnésiens; sa résistance à l'eau de mer résulte donc des modifications qu'il a subies par l'effet du temps, et non de sa composition initiale. En l'état, il n'abandonne rien à l'eau distillée : ce qui devait être.

Ainsi tombe ce prestige qui, aujourd'hui encore, fait attribuer à la science pratique des anciens des résultats qu'ils étaient loin de pouvoir calculer, et qui, réalisés dans quelques cas, ont dû être en défaut dans beaucoup d'autres.

GANGUES MODERNES DESTRUCTIBLES ET DEVENUES STABLES DANS L'EAU DE MER.

Rade de Cherbourg.

67. — Grâce à l'obligeance de notre excellent camarade, M. l'inspecteur général Reibell, nous avons pu examiner deux espèces de gangues arrachées, en février 1853, à des bétonnements formant l'enveloppe extérieure de la fondation des musoirs des môles dits des Galets et du Roc-Naze, en rade de Cherbourg; ces enveloppes défensives ont chacune 1 mètre 30 c. d'épaisseur, et sont placées à 70 centimètres en contre-haut du zéro, cote des fortes basses mers de vives eaux. Elles ont été exposées pendant 48 ans à l'action saline, et pendant 32 ans à tous les coups de mer venant du large. Leurs bétons, chose à noter, furent, à l'origine, défendus par des encaissements en bois, disparus depuis plus de 40 ans par le choc des vagues, le travail des vers marins et la pourriture habituelle. Les notes conservées dans les archives de Cherbourg donnent, pour les dosages de ces bétons, savoir, en volumes :

	Pour le môle des Galets.		Pour le môle du Roc-Naze.
Chaux de Blosseville en pâte.	0,270	. ...	0,285
Sable................	0,162	....	0,172
Scories de forge............	0,162	....	0,172
Pouzzolane de Rome........	0,160	....	» »
Traass du Rhin.............	» »	....	0,111
Recoupes.................	0,244	....	0,257

Les notes ne s'expliquent pas sur la nature des scories. Ces bétons sont passablement confectionnés et d'une dureté moyenne ; les parties extérieures en contact avec l'eau de mer sont enduites d'une couche verdâtre végétative et font, avec les acides, une vive effervescence. Les parties intérieures ont été chimiquement trouvées composées comme il suit, moins les recoupes étrangères à la gangue.

	Pour le môle des Galets.		Pour le môle du Roc-Naze.
Eau........................	37,09	....	35,50
Sable et résidus insolubles.....	27,49	....	30,20
Silice combinée.............	10,69	....	10,10
Alumine et fer combinés......	5,09	....	8,00
Chaux.....................	14,84	....	12,19
Magnésie...................	0,21	....	0,40
Acide carbonique............	4,59	....	2,86
	100,00		99,55

Dans la gangue à pouzzolane de Rome, l'acide carbonique pourrait neutraliser les 0,392 de la chaux, et les 0,291 seulement dans la gangue à traass. De part et d'autre la quantité de magnésie est si faible, qu'on ne peut en attribuer la présence qu'aux éléments mêmes dont les gangues sont composées, car, pour peu que les sels magnésiens de l'eau de mer eussent pénétré au-dessous de la surface verdâtre, la trace de leur passage serait marquée par un dépôt de cette base en quantité bien plus considérable.

Voici maintenant ce qu'il y a de très-remarquable dans ces gangues qui, depuis 48 ans, bravent l'action chimique et dynamique d'une mer très-rude : *c'est que, prises à une très-petite profondeur au-dessous de cette surface verdâtre et mises en eau de mer naturelle dans le laboratoire, elles s'y sont désagrégées après 25 jours de cette immersion, dont l'eau était fréquemment renouvelée. La simple dissolution étendue de sulfate de magnésie, employée comme pour nos essais, a produit exactement le même effet.*

Port de Toulon.

68. — En 1843, on immergeait, dans l'arsenal du port de Toulon, des masses de béton à chaux grasse et pouzzolane de Rome pour former les musoirs saillants de l'entrée du bassin n° 3; après l'achèvement de ce bassin, si heureusement commencé et terminé par l'un de nos inspecteurs généraux de la marine les plus distingués, M. Noël, il a fallu se débarrasser de ce béton, ce qui n'a été possible, en 1846, qu'à l'aide de pétards et de coups de barres à mine. Les débris sont restés dispersés au fond de l'eau, à 9 à 10 mètres de profondeur; c'est dans ces débris qu'ont été pris les échantillons que M. Noël a bien voulu nous procurer; les fragments de béton auxquels ils appartenaient se trouvaient, comme les bétons de Cherbourg, tapissés d'une végétation verdâtre collée sur les faces en contact immédiat avec l'eau salée; ces faces faisaient, avec l'acide chlorydrique, une vive effervescence. Voici la composition chimique de cette gangue, détachée de la blocaille :

Eau	34,00
Pouzzolane en poussière et en grains..	27,05
Silice combinée	7,85
Alumine combinée et peu de fer	7,00
Magnésie	0,50
Chaux	16,14
Acide carbonique	4,86
Pertes en principes solubles	2,60
	100,00

Cette gangue s'est exactement comportée comme celle de Cherbourg: *les parties prises sous la couche verdâtre se sont désagrégées*

après 36 jours d'immersion, tant dans l'eau même de la Médi-
terranée employée dans le laboratoire que dans la dissolution
étendue de sulfate de magnésie, d'où il suit que la couche verdâtre carbonatée avait empêché l'introduction de l'eau de mer dans
le tissu sousjacent pendant le séjour du béton dans le bassin de
l'arsenal de Toulon. La preuve en est, d'ailleurs, dans la très-petite
quantité de magnésie donnée par l'analyse. Ici, l'acide carbonique
ne pourrait neutraliser que les 0,35 de la chaux.

Port de Cannes.

69. — M. Orengo, conducteur des ponts et chaussées, faisant les
fonctions d'ingénieur ordinaire à Grasse, a bien voulu nous adresser
un énorme fragment de béton arraché à la partie constamment
immergée de l'un des blocs du port, confectionné et mis en place
depuis plusieurs années; le fort volume de cet échantillon nous a
permis d'examiner avec soin une surface assez étendue, hérissée de
pointes saillantes formées par les recoupes en partie dégagées de
la gangue, et entre lesquelles végétaient des plantes marines enra-
cinées sur cette gangue essentiellement modifiée dans sa cohésion
et sa composition chimique. En voici l'analyse comparée à celle de
la gangue intérieure :

	Extérieur.		Intérieur.
Eau...............................	12,50	....	14,80
Silice, alumine et fer solubles..........	16,30	....	16,52
Résidu non attaqué, sable et pouzzolane	47,65	....	49,00
Chaux.......................	10,25	....	13,62
Magnésie.......................	5,05	....	0,83
Acide carbonique.....................	6,95	....	5,23
Pertes en principes solubles.	1,75	....	0,00
	100,00		100,00

On voit sur-le-champ, par cette comparaison, la transformation
qui s'est opérée dans les parties pénétrées par l'eau salée. Les 0,86
de la totalité de la chaux y sont neutralisés par l'acide carbonique; le reste fait partie constitutive du silicate pouzzolanique, et

la magnésie entrée dans la combinaison s'élève à 5,05 au lieu de
0,83 que fournit l'intérieur, où l'acide carbonique ne pourrait neutraliser que les 0,488 de la totalité de la chaux.

*Les parties intérieures prises à 15 ou 16 centimètres au-dessous
des végétations sous-marines qui tapissent l'extérieur, n'ont pas
mieux résisté que les gangues analogues de Cherbourg et de Toulon
aux épreuves du laboratoire, tant en eau de mer naturelle, qu'en
dissolution étendue de sulfate de magnésie.*

Cette dernière observation et les précédentes seraient en contra-
diction manifeste avec ce que nous avons conclu (33) de nos essais
sur la stabilité des gangues à chaux grasse et pouzzolane de Rome,
si celles qui appartiennent aux échantillons reçus des divers ports
cités étaient comparables aux gangues confectionnées dans le laboratoire. On se ferait difficilement une idée de la manière grossière
dont la pouzzolane se trouve mêlée avec la chaux dans les gangues
pratiques; les parcelles et grumeaux de chaux isolés y fourmillent,
et il n'y a rien d'étonnant à voir de tels mélanges périr dans une
eau de mer privée de ses semences végétatives et autres principes
incrustants propres à masquer ces défauts en les dérobant à l'action
saline.

Tête du Canal des Salines, à Hyères.

70. — Il existe à l'embouchure dans la mer du canal des Salines
à Hyères, une petite construction qui en forme l'entrée; la gangue
qui en lie le béton consiste en un simple mortier composé par
M. le comte de Villeneuve, ingénieur en chef des mines, et dési-
gné par lui sous la dénomination de *mortier à sous-carbonates.* Cette
construction date de 15 à 16 ans. Son soubassement, continuellement baigné par la mer, a été fondé par immersion de ce béton
dans un encaissement qui l'a tenu enveloppé pendant six mois.
Ce massif se trouve aujourd'hui revêtu de la même couche verdâtre que
nous avons observée dans les exemples précédents; il y a, de plus, une
mousse fine, soyeuse, rabattue et collée sur les surfaces vertes aux-

quelles elle adhère assez fortement pour que l'on éprouve quelque peine à l'en séparer; sous ces surfaces vertes, la gangue du béton se présente avec une teinte rousse qui a peu d'épaisseur et passe au gris en marchant vers le centre du massif. Sous la surface verdâtre et un peu dans la teinte rousse, l'acide chlorydrique produit une effervescence plus vive que partout ailleurs. La construction est en bon état; elle est située au fond d'une espèce de croissant qui n'a d'ouverture sur le large que suivant la direction et le milieu de la corde; elle n'est point exposée au choc des galets dans les coups de mer, fort rares sur ce point.

Ces détails circonstanciés devenaient nécessaires à cause du contraste remarquable que présente la conservation du monument avec la rapidité de destruction de ses mortiers pris au-dessous et à une petite distance des surfaces vertes, dans la même eau de mer et dans la dissolution étendue de sulfate de magnésie, employées dans le laboratoire; ils y périssent en moins de 20 jours.

Port de Saint-Jean de Luz.

71. — Les travaux de défense de ce port ont été exécutés au moyen de massifs dont la gangue se compose d'un mélange de petit gravier et de ciment de Guetary; les parties que la mer baigne sont couvertes de plantes marines adhérentes à une couche verdâtre collée sur le ciment; cette couche s'est trouvée assez étendue, sur les échantillons que nous avons reçus, pour fournir à l'analyse quelques grammes de matière enlevée avec précaution sur moins d'un millimètre d'épaisseur. En voici la composition.

Eau	1,60
Sable ou quartz en poussière fine	31,00
Argile du ciment...................	15,00
Chaux	26,40
Magnésie	0,80
Acide carbonique..................	21,60
Perte due aux principes organiques	3,60
	100,00

Pour saturer les 26,40 parties de chaux, il faut 20,72 d'acide carbonique ; or, il s'en trouve 21,60 : la différence sature à peu près la magnésie.

Le ciment de Guetary, tel que le fournit le commerce, étant destructible par la mer libre comme dans le laboratoire, lorsqu'il n'est protégé par aucune espèce d'encroûtement, il est hors de doute que l'intégrité des travaux de Saint-Jean de Luz, si toutefois elle a lieu, ne soit due à la formation spontanée de l'espèce d'enduit dont nous venons de présenter l'analyse (47, note *k*).

Rade d'Alger et port de la Joliette, à Marseille.

72. — Les blocs employés à Alger en continuation du môle, et à Marseille pour former un nouveau port, blocs dont la gangue est généralement composée de sable et de chaux du Theil, sans addition de pouzzolane, se tapissent également de mousses, de plantes marines et d'incrustations coquillières ; ces enduits naturels ne sont pas enlevés par les coups de mer. Nous n'avons pu, jusqu'à présent, soumettre à l'analyse les parties superficielles auxquelles ils s'attachent, nous savons seulement que ces parties font, avec les acides, une effervescence très-vive comparée à celle qui se produit sur le mortier intérieur ; l'acide carbonique est donc intervenu, et bien qu'à lui seul il puisse suffire avec le concours de la magnésie, ainsi que nous l'avons fait remarquer, on ne saurait méconnaître le surcroît de défense qu'apportent les enduits cités ci-dessus en s'opposant à la pénétration de l'eau de mer (*r*).

(*r*) Postérieurement à cette rédaction, il a été publié sur ces mortiers un excellent Mémoire par M. Ravier, ingénieur des ponts et chaussées à Alger ; nous renvoyons à ce travail, inséré dans les *Annales des ponts et chaussées* des mois de juillet et août 1854.

RÉSUMÉ ET CONCLUSIONS.

73. — On a pu voir, dans le cours de ce Mémoire, que nous nous sommes principalement attaché à l'étude de trois classes distinctes de composés hydrauliques, lesquelles comprennent : 1° les mortiers proprement dits; 2° les ciments; 3° et les combinaisons de chaux et de pouzzolanes. Dans ces deux dernières classes se rangent naturellement les agrégats de sables ou de blocailles auxquels les ciments et les composés pouzzolaniques servent de gangues.

En appréciant comme ils doivent l'être les procédés de laboratoire employés pour reconnaître les divers degrés de stabilité de ces composés, on aura dû se convaincre qu'ils exagèrent nécessairement l'effet que produirait la mer libre, puisqu'ils ne sont contrebalancés par aucun des moyens d'atténuation ou même de neutralisation que possèdent en général, quoique à des degrés différents, toutes les mers dans leur état de liberté et d'agitation.

Il en résulte évidemment qu'il n'est pas nécessaire, ainsi qu'on l'a fait observer déjà (55) pour les mortiers hydrauliques, que les composés quelconques résistent absolument à ces épreuves du laboratoire pour être jugés capables d'une stabilité indéfinie en mer libre. La difficulté, dans ce cas, consiste à savoir pendant combien de temps ils doivent subir, sans altération, ces mêmes épreuves, pour être classés comme bons à toute construction sous-marine.

74. — Ce problème, dans certains cas, peut être résolu par la comparaison de ce qui s'est passé en mer libre, pendant un temps suffisant, sur des composés bien connus, et de ce que l'on a observé, sur des composés *identiques*, dans le laboratoire ; or, en commençant cette comparaison par les mortiers à chaux éminemment siliceuse de l'Ardèche, et prenant pour point de départ les faits observés à Alger, à Marseille et à Port-Vendres, où ces mortiers exposés nus à l'action saline se maintiennent intacts depuis plus *de dix ans*, nous avons vu (tableau n° 8), que les moins résistants de leurs pareils ont tenu bon un peu plus *de deux ans* dans nos dissolutions magnésiques, et que les meilleurs y sont encore intacts au moment de cette rédaction, c'est-à-dire depuis *quatre ans*, sans que l'on puisse, en l'état, assigner à cette différence de temps d'autre *cause* que la différence d'énergie des chaux employées, bien que provenant toutes des carrières du Theil, qui fournissent aux travaux de la Méditerranée, mais dont les bancs sont loin d'être homogènes (*s*). Il se pourrait aussi que la différence des sables y fût pour quelque chose, car tous ne conviennent pas, au même point, à ces sortes de chaux (*t*).

Peut-on, d'après ces rapprochements, conclure que *deux ans* soient

---

(*s*) Il résulte de l'analyse des calcaires du Theil (carrière Lafarge), donnée par M. Ravier dans son excellent Mémoire sur les mortiers à la mer (*Annales des ponts et chaussées* des mois de juillet et août 1855), que les indices d'hydraulicité y varient de 0,20 à 0,38.

(*t*) Indépendamment de ces causes, il peut en exister d'autres tenant à la différence des milieux où les mortiers ont durci avant leur immersion en eau salée, comme, par exemple, lorsque ce durcissement s'effectue en plein air, ou sous l'eau douce, ou sous terre fraîche, ou en vase clos. Ces divers cas sont encore à comparer.

une limite de temps au-delà de laquelle de légers indices d'altération puissent, dans les essais du laboratoire, être considérés comme sans importance, c'est-à-dire comme n'empêchant pas que les mortiers sur lesquels ils se manifestent soient capables d'une résistance suffisante dans les eaux de la Méditerranée? Si une telle conclusion manque de rigueur, elle paraît offrir, du moins, un certain degré de probabilité.

75. — Nous n'avons malheureusement pu trouver, dans les travaux exécutés sur les côtes de l'Océan, dans la Manche, des exemples assez nombreux, assez authentiques, d'emploi de mortiers semblables à ceux de la Méditerranée, pour en tirer une conclusion quelconque; nous savons seulement qu'en ces parages, d'excellents mortiers pour l'eau douce, mais n'ayant pas pour gangues des chaux éminemment siliceuses comme celles de l'Ardèche, périssent du dix-huitième au vingtième mois d'immersion, et du cinquième au sixième seulement dans nos bains de sulfate de magnésie.

Il suit de là qu'à ne prendre notre procédé, convenablement appliqué aux mortiers, que comme un moyen d'élimination, il dénonce sans ambiguïté, dans un temps très-court, tous ceux qui ne peuvent convenir aux travaux à la mer, à moins d'être exactement défendus du contact de l'eau salée par de bons revêtements; quant aux autres qui, sans ce secours, pourraient subsister indéfiniment dans une mer quelconque, le même procédé exige, comme on vient de le voir, un temps assez long, tout en laissant quelques incertitudes.

76. — Nous serons, heureusement, beaucoup plus positif à l'égard des ciments, en disant qu'il y aura pour eux garantie certaine de longue durée en mer libre quelconque, toutes les fois qu'immergés, sous forme prismatique à arêtes vives, dans les dissolutions du laboratoire, ils y conserveront, sans fissures quelconques, la vivacité de ces arêtes pendant vingt à trente mois; et nous ajoutons qu'in-

dépendamment de toute expérience, devront appartenir à cette classe de ciments jugés jusqu'à présent indestructibles tous ceux dont la composition chimique, naturelle ou artificielle, satisfera aux conditions posées (52). Nous avons, à l'appui de ces affirmations, des exemples de résistance de près de dix ans à l'influence permanente de nos dissolutions, et la mer libre nous en fournirait, au besoin, d'une date beaucoup plus ancienne.

77. — A l'égard des pouzzolanes naturelles ou artificielles, nous n'avons remarqué d'allures bien franches, bien constantes, *en bien* ou *en mal*, que dans le cas de leur combinaison, en bonnes proportions, avec les chaux grasses; nos bains magnésiques font alors si prompte justice de celles de ces combinaisons qui ont péri ou périraient *à nu* en mer libre, et produisent, au contraire, sur les autres, des phénomènes de transformations conservatrices si constants, si réguliers dans leur marche progressive, qu'il est impossible de s'y méprendre. Nous avons à l'appui des exemples qui datent de dix ans.

Mais, lorsqu'on s'écarte des trois genres de composés hydrauliques classés ci-devant, en cherchant à les combiner deux à deux ou trois à trois, on observe, dans la marche des phénomènes salins, des irrégularités et des faits si opposés aux déductions théoriques en apparence les plus rationnelles, qu'ils déroutent toutes les prévisions. Nous conseillons donc de se défier de ces sortes de combinaisons, par cela même qu'elles débutent souvent d'une manière très-séduisante pour finir, à des époques indéterminées, et quelquefois assez tard, par la ruine la plus complète.

78. — D'après ce qui précède, on voit que, des trois composés distincts dont on vient de parler, celui qui présente le moins de chances certaines de bonne tenue au contact immédiat de l'eau salée, et dont, cependant, l'emploi serait le plus facile et en même

temps le plus économique, c'est le simple mortier hydraulique : heureusement qu'il n'en est pas de même des deux autres.

La seule difficulté qui reste à vaincre pour transformer les argiles pures en pouzzolanes spéciales pour l'eau de mer, tient à un problème de cuisson qui jamais n'a donné lieu à des tentatives sérieuses de solution pratique, et dont on ne peut pas dire, conséquemment, qu'il soit impossible ; mais à défaut d'un moyen facile et économique de cuire ces argiles sous forme pulvérulente, on peut atteindre le même but en les préparant selon ce qui a été dit (art. 44) pour les cuire sous forme de mottes, sans dépasser le rouge cerise répondant à 700 ou 800 degrés centigrades au plus.

79. — Des objections plus sérieuses naîtraient de considérations relatives aux effets fâcheux que pourraient produire, sur ces gangues pouzzolaniques, les gelées, les dessications et imbibitions alternatives à intervalles éloignés, et pouvant donner lieu à la décomposition physique des masses soumises à ces changements de milieu. A cela nous répondrons que nous n'avons eu en vue, dans nos études, que le cas d'une immersion continue, ou seulement interrompue par le court intervalle de temps qui sépare deux marées consécutives ordinaires ; car, pour tous les autres cas d'immersion et d'émersion à longs intervalles, nous ne voyons pas qu'on ait à s'en préoccuper, attendu que les maçonneries qui y sont exposées sont toujours ou peuvent toujours être défendues du contact de l'eau salée par des revêtements imperméables.

80. — Nous n'avons rien dit de l'effet du sable introduit dans ces dernières gangues ; cette introduction, le plus souvent indispensable, donnera lieu à des agrégats dont la cohésion physique sera notablement moindre que celle des gangues employées pures ; nous ne pensons pas que l'on puisse, par cette raison, y introduire plus d'un volume de sable pour un de pâte, composée elle-même de 15 à 18 parties, au plus, de chaux grasse, pesée vive, pour 100 parties de pouzzolane.

Le succès de ces composés demandera, pour le mélange des matières, une perfection dont la pratique ne s'est, jusqu'à ce jour, que très-médiocrement préoccupée. Il est de toute évidence que s'il reste dans ces mélanges de nombreux grumeaux de chaux disséminés dans les pâtes, ce seront autant de petits foyers d'expansion par leur transformation en chaux sulfatée, laquelle, avant sa dissolution, aura produit, près des surfaces, d'abord, et de proche en proche vers l'intérieur, ensuite, des soulèvements, causes infaillibles de ruine.

Ce ne sera par aucun des moyens de gâchage employés jusqu'à ce jour sur nos chantiers, que l'on parviendra à cette perfection de mélange si nécessaire, mais bien par des procédés très-connus dans les industries dont les produits dépendent de l'homogénéité de certaines substances pâteuses, savoir : l'emploi des meules horizontales agissant comme molettes sur les éléments des mélanges suffisamment humectés. On aurait pour moteurs, selon les localités, les chutes d'eau, la vapeur ou le vent.

81. — Mais, en attendant que la nécessité et l'expérience viennent à bout de ces difficultés très-surmontables, les ciments ne feront jamais défaut aux constructions à la mer, soit sur les côtes de la Manche, soit ailleurs; et déjà M. l'inspecteur général des ponts et chaussées Feburier a pourvu le port de Saint-Malo d'un ciment artificiel qui résiste parfaitement dans ces parages; or, dans ce ciment, la silice et l'alumine forment les 0,786 de la chaux représentée par 1,000. Cette composition se rapproche beaucoup de la catégorie que nous avons signalée comme inattaquable par nos épreuves, et *a fortiori* par la mer libre, catégorie où l'argile (fer et autres substances non compris) varie en quotité de 0,90 à 0,97 pour 1,00 de chaux (52).

82. — On pourra se demander s'il n'eût pas été possible d'abréger, plus que nous ne l'avons fait, le temps des expériences, en introduisant dans nos bains d'immersion une dose de sulfate de magnésie plus forte que celle que nous avons adoptée? Sans nier cette possibilité, il nous a paru plus sûr, plus rationnel, de s'en tenir aux dosages dont les effets dans le laboratoire sont sensiblement égaux à ceux qu'y produit l'eau de mer naturelle, que de chercher à les exagérer.

D'ailleurs, au point de certitude où nous sommes parvenu, par l'emploi des ciments et celui des pouzzolanes d'argiles pures (*u*) convenablement cuites, nous tenons comme tout à fait superflues de nouvelles vérifications ou de nouvelles études sur ces composés. Mais si l'on devait revenir sur les essais relatifs aux mortiers hydrauliques, en cherchant à abréger le temps des épreuves par une action plus énergique des dissolutions salines à employer, il faudrait, pour en apprécier l'effet, mener de front les deux moyens, ou opérer sur des mortiers de même composition que ceux de nos tableaux, afin de pouvoir, par comparaison, se rendre compte de ce qu'il y aurait à gagner sur le temps que nous-mêmes avons jugé nécessaire pour statuer sur leur valeur.

(*u*) Nous considérons comme équivalentes aux argiles pures, sauf la faculté de recevoir la même quantité de sable après leur transformation en gangues à pouzzolanes, toutes celles qui déjà en contiendraient à l'état de quartz, mais à condition d'être exemptes de carbonate de chaux et de peroxyde de fer au-delà de quelques millièmes. On voudra bien ne pas oublier, d'ailleurs, que les combinaisons de ces pouzzolanes avec la chaux grasse ne doivent, sous un petit volume, être soumises à nos épreuves qu'après avoir acquis le degré de cohésion spécifié (26), à moins de circonstances qui seront développées dans un Mémoire particulier sur leur emploi en grand.

N° 1.

TABLEAU ANALYTIQUE DES CHAUX EMPLOYÉES.

DÉSIGNATION des CHAUX.	Chaux.	Magnésie	Silice.	Alumine.	Peroxyde de fer.	Principes inertes.	INDICES d'hydraulicité.	QUOTITÉ SILICE pour 1,00 d'alumin e.
Chaux naturelles.								
1.—Chaux du Theil, premier choix..........	68,941	0,612	26,069	4,378	traces.	"	0,45	5,25
2. — Chaux du Theil, seconde qualité	77,760	0,541	20,573	1,126	traces.	"	0,28	12,31
3.—Chaux de Sassenage (Isère)	71,989	0,507	23,609	3,893	traces.	"	0,39	5,36
4.—Chaux de Paviers (Indre et Loire).........	70,850	0,476	18,261	4,997	traces.	0,476	0,33	3,31
5.—Chaux de Doué (Maine et Loire............	75,894	0,502	11,174	3,828	2,134	5,649	0,20	2,58
6.—Chaux de Blancafort (Cher)..............	66,410	0,31	23,84	0,44	traces.	"	0,50	2,44
7.—Chaux d'Emondeville (Manche)..........	78,400	3,93	11,00	3,67	3,00	"	0,24	1,45
8.—Chaux de Grenoble (Isère)...............	84,220	"	7,23	4,56	0,93	3,04	0,14	1,58
Chaux artificielles d'argiles ordinaires.								
9. — de simple cuisson..	71,840	"	19,21	8,95	traces.	"	0,39	2,14
10.— Id........	69,130	"	20,85	10,02	traces.	"	0.44	2,08
Chaux éminemment siliceuses.								
11.—de simple cuisson..	69,440	"	30,56	"	traces.	"	0,44	"
12.—de double cuisson..	69,440	"	30,56	"	traces.	"	0,44	"
13.—de double cuisson..	69,920	"	25,06	5,00	traces.	"	0,43	5,01
14.—de simple cuisson..	69,920	"	25,06	5,00	traces.	"	0,43	5,01
15.—*Chaux grasse* rendue hydraulique par adjonction de ciment....	69,500	"	16,65	6,90	3,31	3,64	0,34	3,40

N° 2.

TABLEAU ANALYTIQUE DES CIMENTS ESSAYÉS.

DÉSIGNATION des CIMENTS.	Chaux	Magnésie.	Matiéres inertes.	Silice.	Alumine.	Peroxyde de fer.	Eau et acide carbonique.	acide sulfurique.	Principes alcalins.	Principes actifs pour 1,00 de chaux.
Ciments naturels.										
1.—Ciment anglais Médina	43,45	13,93	»	19,50	5,60	12,05	2,50	0,80	2,15	0,90
2.—Ciment de Cahors..	41,15	4,80	»	26,00	12,15	5,50	4,58	1,32	1,20	0,96
3.—Ancien ciment de Boulogne (Pas de Calais)...	49,28	2,58	4,305	28,020	9,575	5,726	»	0,514	»	0,81
4. — Ciment de Pouilly (Côte d'Or)	49,60	»	»	26,000	10,003	5,100	7,25	0,850	1,195	0,72
5.—Ciment de Grenoble (Isère).............	58,08	2,132	»	20,887	13,075	3,026	»	2,80	»	0,65
6.—Ciment de Guetary (Basses-Pyrénées).....	58,79	»	»	24,748	9,518	5,902	0,785	0,237	»	0,58
7.—Ciment de Vitry le Français.............	55,70	»	»	20,000	9,770	4,330	6,500	0,200	3,30	0,53
8. — Ciment d'Urrugne (Basses-Pyrénées).....	63,44	1,11	»	22,75	8,75	3,75	»	0,200	»	0,51
12.—Ciment de la Butte Chaumont (Seine).....	62,04	2,371	»	22,765	8,254	4,57	»	»	»	0,53
13.—Ciment de Zumaya (Espagne)............	30,90	»	6,65	25,00	18,55	7,45	7,60	»	3,85	1,41
11. — Ciment de Vassy (Yonne).............	59,50	»	»	17,75	6,80	7,35	3,60	5,00	»	0,41
Ciments artificiels.										
9.—Ciment de Portland (anglais).............	63,70	»	»	20,84	6,66	5,30	2,30	1,20	»	0,43
10.—Ciment de Portland (français)	61,75	»	»	25,10	7,25	4,50	1,40	»	»	0,52
14.—Ciment français avec argile pure...........	55,555	»	»	28,72	15,725	»	»	»	»	0,80
15.—Ciment français avec argile pure...........	60,960	»	»	25,40	14,00	»	»	»	»	0,65

N° 3.

TABLEAU ANALYTIQUE DES POUZZOLANES ESSAYÉES.

DÉSIGNATION des POUZZOLANES.	Chaux	Carbonate de chaux.	Magnésie.	Carbonate de Magnésie.	Matières inertes.	Silice.	Alumine.	Peroxyde de fer.	Principes solubles et volatils.	RICHESSE en principes actifs sur 100 parties.
Pouzzolanes volcaniques.										
Pouzzolane des fouilles de St-Paul, à Rome..	8,80	»	4,70	»	»	45,00	14,80	12,00	11,70	73,30
Pouzzolane de Naples, brune...............	8,96	»	»	»	20,00	24,50	15,75	16,30	7,63	49,21
Pouzzolane de Naples, grise	9,47	»	4,40	»	2,50	42,00	15,50	12,50	13,64	71,37
Pouzzolane de Naples, grise, dite de feu.....	»	19,67	»	6,831	7,303	33,674	14,732	9,465	8,918	48,40
Pouzzolane traass du Rhin	2,33	»	1,00	»	8,570	46,250	20,715	5,583	15,550	70,29
Pouzzolane brune de Bessan (Hérault).........	8,70	»	»	»	4,50	38,50	18,35	14,90	15,05	65,55
—										
Pouzzolanes artificielles										
Pouzzolane d'arène rouge sableuse d'Alger......	»	»	2,65	»	21,00	45,50	19,33	8,92	1,75	67,48
Pouzzolane d'argile fine ocreuse.............	»	»	»	»	»	65,50	22,35	10,40	1,75	87,85
Pouzzolane d'argile réfractaire de Paviers (Indre et Loire)......	»	»	2,30	»	14,10	49,04	32,56	»	»	83,90
Pouzzolane d'argile blanche	1,00	»	»	»	»	66,50	35,50	»	»	100,00
Pouzzolane d'argile de la Rance, à Saint-Malo..	13,00	8,07	»	»	39,00	30,50	13,50	4,00	0,93	44,00

TABLEAU N° 4,

RÉSUMANT LES ÉPREUVES FAITES SUR DIVERSES GANGUES A POUZZOLANES ET CHAUX GRASSE
IMMERGÉES DANS UNE DISSOLUTION DE SULFATE DE MAGNÉSIE.

N°s de renvoi aux tableaux des analyses.	DÉSIGNATION DES GANGUES composées de 100 parties de pouzzolanes en poids et de 15 parties de chaux caustique.	AGE des gangues au moment de leur immersion, au sortir des bocaux.	TEMPS ÉCOULÉ depuis l'immersion jusqu'à l'apparition des premières fissures dans les bains magnésiques.	OBSERVATIONS. Les gangues résistantes ci-après abandonnaient encore de la chaux aux bains magnésiques après six ans d'immersion. Si cette soustraction de chaux doit durer jusqu'à ce que le travail de substitution qui s'opère parvienne au centre des échantillons, il est impossible de prévoir quand elle finira.
	Pouzzolanes volcaniques			
1	de Rome, en poudre fine......	4 mois 1/2	Point de fissures après 10 mois.	L'autopsie de la gangue, après dix mois, met en évidence une zone de 2 millimètres 1/2 d'épaisseur un peu moins dure que les parties centrales qu'elle enveloppe de toutes parts et auxquelles elle adhère avec assez de force pour ne pouvoir en être séparée par le choc des vagues (gangues intactes depuis dix ans).
Id.	de Rome, en poudre moins fine.	Id.	Id.	Mêmes observations que ci-dessus, sauf que l'épaisseur de la zone enveloppante a 5 millimètres et se trouve un peu moins dure que dans le premier cas.
5	Traass du Rhin..............	Id.	Id.	L'autopsie, à cette époque de dix mois, met en évidence une zone qui varie de 2 à 6 millimètres d'épaisseur, selon qu'elle est près ou loin des angles trièdres, zone d'ailleurs sensiblement moins dure que le centre, dont elle pourrait peut-être se détacher par érosion sous les coups de mer.
2	brune de Naples.............	8 mois.	Fissures après 8 jours.	La gangue marche rapidement vers sa ruine.
3	grise de Naples.............	Id.	Id. après 23 jours.	La gangue marche rapidement vers sa ruine.
4	de Naples, dite de feu........	Id.	Id. après 14 jours.	La gangue marche rapidement vers sa ruine.
6	de Bessan (Hérault)..........	Id.	Id. après 8 jours.	La gangue marche rapidement vers sa ruine.
	—			
	Pouzzolanes artificielles			L'autopsie de la gangue, après dix mois, laisse voir une zone d'environ 2 millimètres 1/2 d'épaisseur qui ne le cède en rien aux parties centrales auxquelles elle adhère fortement sans la moindre apparence de solution de continuité dans la dureté. Les plus violents coups de mer ne pourraient rien contre cette zone (gangues intactes depuis dix ans).
9	d'argile pure................	6 mois.	Point de fissures après 10 mois.	
10	d'une autre argile pure........	Id.	Id.	Mêmes observations que ci-dessus.
8	d'argile ocreuse, gangue des Arènes	Id.	Id.	Mêmes observations que ci-dessus.
7	d'argile ferrugineuse d'Alger...	8 mois.	Fissures après 8 jours.	La gangue marche rapidement vers sa ruine.

TABLEAU N° 5,

RÉSUMANT LES ÉPREUVES FAITES SUR DIVERSES GANGUES A CHAUX HYDRAULIQUES
ET POUZZOLANES MÉDIOCRES.

Nos de renvoi aux tableaux des analyses.	GANGUES composées chacune d'un volume de chaux hydraulique en pâte et de deux volumes de pouzzolane, SAVOIR :	AGE des gangues au moment de l'immersion.	TEMPS ÉCOULÉ dans les dissolutions de sulfate de magnésie jusqu'à l'apparition des premières fissures, dans les cas d'une immersion immédiate au sortir		OBSERVATIONS.
			des vases clos	du passage par l'eau pure.	
	Avec chaux du Theil et				
2	Pouzzolane brune de Naples.	4 mois.	Après 129 jours.	après 38 jours	Marche rapide vers la ruine dans les deux cas.
3	*Id.* grise de Naples......	*Id.*	aucun signe à 10 mois.	aucun signe à 10 mois.	Les échantillons restent intacts jusqu'au 20ᵉ mois, après lequel les signes de dégradation commencent à se montrer.
6	*Id.* brune de l'Hérault....	*Id.*	après 204 jours.	après 42 jours	Marche non interrompue vers la ruine dans les deux cas.
7	*Id.* artificielle d'argile d'Alger....................	*Id.*	aucun signe à 10 mois.	après 137 jours.	L'échantillon, intact après dix mois, commence à se dégrader au 20ᵉ. L'autre est arrivé à sa ruine avant le 10ᵉ.
11	Pouzzolane artificielle de St-Malo..................	*Id.*	après 97 jours	après 26 jours	Marche rapide vers la ruine dans les deux cas.
	Avec chaux hydraulisée par l'adjonction de ciment et				
2	Pouzzolane brune de Naples.	5 mois.	après 20 jours	après 10 jours	Destruction rapide dans les deux cas.
3	*Id.* grise de Naples.....	*Id.*	après 157 jours.	après 161 jours.	Progrès lents vers la ruine dans les deux cas.
6	*Id.* brune de l'Hérault..	*Id.*	après 14 jours	après 9 jours.	Destruction rapide dans les deux cas.
7	*Idem* artificielle d'argile d'Alger	4 mois.	aucune fissure à 10 mois.	après 52 jours	Dans le premier cas, les fissures apparaissent au 12ᵉ mois; les échantillons sont en ruine au 16ᵉ.
11	Pouzzolane artificielle de St-Malo	*Id.*	après 24 jours	après 18 jours	Marche rapide vers la ruine dans les deux cas.
	Avec chaux de Doué et				
11	Pouzzolane artificielle de St-Malo, 2 volumes contre 1 de chaux en poudre......	7 mois.	après 7 jours.	non fait.	Destruction très-rapide.
11	Pouzzolane artificielle de St-Malo, avec 3 volumes pour 2 de chaux en poudre....	*Id.*	après 13 jours	*Id.*	Destruction très-rapide.

TABLEAU N° 6,

RÉSUMANT LES ÉPREUVES FAITES SUR DIVERSES COMBINAISONS POUZZOLANIQUES IMMERGÉES EN DISSOLUTION DE SULFATE DE MAGNÉSIE.

N°s de renvoi aux tableaux des analyses.	DÉSIGNATION des pouzzolanes employées.	Quantité de chaux caustique ajoutée a 100 parties de pouzzolane.	AGE des gangues au moment de l'immersion en sortant des vases clos.	TEMPS ÉCOULÉ jusqu'à l'apparition des premières fissures.	OBSERVATIONS.
					Les parties extérieures détériorées dans les exemples suivants eussent été emportées en mer libre par le seul clapotement de l'eau.
	Cas des proportions de chaux saturant les pouzzolanes.				
2	brune de Naples........	9,760	4 mois.	1 mois.	La destruction marche rapidement après les premières fissures.
3	grise de Naples........	7,300	Id.	(Fissures nulles à 10 mois.	A dix mois, point de fissures; mais l'autopsie dénote une perte de consistance sur 10 millimètres de profondeur qui, en mer, causerait de proche en proche la ruine de la gangue.
5	Traass du Rhin........	8,212	Id.	Id.	Même observation, sauf que la perte de consistance est de 12 millimètres en profondeur.
6	de Bessan (Hérault). ...	8,870	Id.	12 jours.	La destruction marche rapidement après les premières fissures.
	—				*Nota.* — La perte de consistance signalée ci-dessus est telle, que la matière se déprime sous la plus légère pression ; elle ne s'est maintenue que par le calme du bain d'immersion.
	Cas d'adjonction de silice gélatineuse portant à 4 pour 1 le rapport de la silice à l'alumine dans chaque pouzzolane				
2	brune de Naples........	11,50	9 mois.	(Fissures nulles à 10 mois.	A dix mois, point de fissures; l'autopsie dénote une perte totale de consistance sur 5 millimètres de profondeur. Le calme du bain a maintenu en place la couche décomposée.
3	grise de Naples........	17,70	Id.	Id.	Même observation que ci-dessus ; consistance extérieure un peu moins faible.
4	grise de Naples dite de feu	11,80	Id.	Id.	Même observation que ci-dessus; consistance extérieure tout à fait nulle.
6	de Bessan (Hérault).....	13,00	Id.	Id.	Id. Id.
11	de St-Malo, artificielle...	14,30	Id.	Id.	Id. Id.

TABLEAU N° 7,

RÉSUMANT LES ÉPREUVES FAITES SUR DIVERS CIMENTS PLONGÉS DANS DES DISSOLUTIONS DE SULFATE DE MAGNÉSIE.

N°s de renvoi aux tableaux des analyses.	DÉSIGNATION DES CIMENTS.	SILICE et ALUMINE pour une partie de chaux dans chaque ciment.	TÉNACITÉS finales par centimètre carré dans chaque ciment.	AGE des ciments au sortir des boraux pour être immergés	TEMPS ÉCOULÉ depuis l'immersion dans les dissolutions de sulfate de magnésie jusqu'à l'apparition des premières fissures, dans les cas d'une immersion immédiate au sortir		OBSERVATIONS. Tous ces ciments ont été gâchés à bonne consistance pâteuse. Les exceptions sont mentionnées.
					des vases clos.	du passage par l'eau pure.	
2	De Cahors (Lot).	0,966	7k. 27	4 mois.	Aucune fissure après 10 mois	Aucune fissure après 10 mois	Sont intacts depuis 6 ans.
Id.	De Cahors (Lot).	Id.	Id.	15 jours.	. . . Id . . .	. . . . . Id	Id.
1	De Médina, anglais	0,899	10 27	2 mois.	. . . Id . . .	. . . . . Id	Id.
3	De Boulogne, ancien. . . .	0,814	6 45	4 mois.	. . . Id . . .	. . . . . Id	Id.
8	De Guetary (B.-Pyrénées).	0,583	7 50	4 mois.	Fissures après 15 jours . . .	Non fait	Destruction rapide.
Id.	De Guetary de forte cuisson.	Id.	»	4 mois.	Fissures après 3 mois	Fissures après 3 mois	Ruine complète après 3 ans.
7	De Vitry le Français . . .	0,538	8 00	4 mois.	Fissures après 8 jours	Non fait	Destruction très-rapide.
Id.	De Vitry le Français de forte cuisson	Id.	»	15 jours	Non fait	Fissures après 10 mois	Ruine complète après 3 ans.
9	De Portland, anglais. . . .	0,466	12 50	80 jours	Fissures après 75 jours . . .	Fissures après 75 jours	Ruine complète après 2 ans.
»	De Portland avec égal volume de sable.	Id.	»	Id.	Fissures après 45 jours . . .	Non fait	Destruction rapide.
»	De Portland avec double volume de sable.	Id.	»	Id.	Fissures après 25 jours . . .	Non fait	Destruction très-rapide.
4	De Pouilly.	0,726	9 17	39 jours	Fissures après 10 mois	Fissures après 10 mois	Progrès lents vers la ruine.
11	De Vassy (Yonne).	0,362	8 07	39 jours	Fissures après 12 jours . . .	Non fait	Destruction rapide.
11	De Vassy de forte cuisson .	Id.	»	63 jours	Fissures après 8 mois	Fissures après 10 mois	Peu endommagé après 3 ans.
»	De la Valentine (Bouches du Rhône).	0,471	14 30	2 mois.	Fissures après 2 mois	Non fait	Ruine complète après 1 an.
»	De la butte Chaumont (Paris).	0,738	17 00	1 mois.	Fissures après 15 mois . . .	. . . . . Id	Ruine complète après 2 ans.
»	De la butte Chaumont gâché en coulis	Id.	»	Id.	Fissures après 8 mois . . .	. . . . . Id	Ruine complète après 2 ans.
10	Portland fabriqué à Boulogne.	0,523	27 00	1 mois.	Fissures après 1 mois	. . . . Id	Ruine complète après 2 ans.
»	Artificiel avec argile pure .	0,805	6 92	6 mois.	Aucune fissure après 10 mois	. . . . . Id	Sont intacts depuis 3 ans.
»	Artificiel avec argile pure.	0,650	9 00	Id.	Fissures après 27 jours . . .	. . . . . Id	Ruine rapide et complète après 1 an.
»	Artificiel avec argile à potier.	0,800	»	1 mois.	Aucune fissure après 10 mois	. . . . . Id	Intact depuis 2 ans.
»	Artificiel avec argile à potier.	0,500	»	Id.	Fissures après 7 mois	. . . . . Id	Destruction après 1 an.
5	De Grenoble.	0,618	9 17	4 mois.	Fissures après 22 jours . . .	. . . . . Id	Destruction rapide.
Id.	De Grenoble, de forte cuisson.	Id.	»	Id.	Fissures après 18 jours . . .	Fissures après 10 mois	Ruine complète après 3 ans.

TABLEAU N° 8,

RÉSUMANT LES ÉPREUVES FAITES SUR DIVERS MORTIERS HYDRAULIQUES PLONGÉS DANS DES DISSOLUTIONS DE SULFATE DE MAGNÉSIE.

N°s de renvoi aux tableaux des analyses.	INDICES d'hydraulicité dans les chaux employées.	MORTIERS à chaux hydrauliques tenant 2 parties de sable pour 1 de chaux en pâte, ayant tous durci en vases clos avant l'immersion.	ÂGE des mortiers au moment de leur immersion.	TEMPS ÉCOULÉ depuis l'immersion jusqu'à l'apparition des fissures dans les dissolutions de sulfate de magnésie, pour les cas d'immersion		OBSERVATIONS GÉNÉRALES.
				Immédiate au sortir des bocaux.	après le passage par l'eau pure.	
1	0,45	A chaux siliceuse du Theil, cuite à l'anthracite....	7 mois 20 jours.	Point de fissures après 10 mois.	Point de fissures après 10 mois.	Quelques-uns de ces mortiers sont intacts depuis 4 ans ; d'autres ont commencé à laisser voir quelques signes d'altération après la seconde année, sans que l'on puisse exactement assigner les causes de ces différences.
1	0,45	A chaux siliceuse du Theil, cuite à la houille.....	3 mois.	Id.	Id.	
3	0,39	A chaux siliceuse de Sassenage, cuite à l'anthracite......	7 mois 20 jours.	Id.	Id.	
6	0,50	A chaux argileuse du Cher, cuite au bois........	7 mois 20 jours.	Fissures après 28 jours.	Non fait.	Progrès rapides vers la ruine après l'apparition des premières fissures.
9	0,50	A chaux argileuse du Cher, plus fortement cuite à l'anthracite........	7 mois 20 jours.	Point de fissures après 10 mois.	Non fait.	Dislocation intérieure révélée par l'autopsie, cause de ruine en mer libre.
4	0,33	A chaux de Paviers, cuite à la houille..........	2 mois 16 jours.	Fissures après 116 jours.	Fissures après 111 jours.	Progrès incessants vers la ruine, à la suite des premières fissures.
»	0,48	A chaux de Paviers, renforcée artificiellement en silice......	3 mois 23 jours.	Fissures après 122 jours.	Fissures après 44 jours.	Même observation que ci-dessus.
5	0,20	A chaux de Doué (Maine et Loire), cuite à la houille..........	3 mois 16 jours.	Fissures après 122 jours.	Fissures après 45 jours.	Progrès rapides vers la ruine, à la suite des premières fissures.
7	0,24	A chaux moyennement hydraulique d'Emondeville (Manche), cuite à la houille......	11 mois.	Fissures après 186 jours.	Fissures après 100 jours.	Même observation que ci-dessus.
8	0,14	A chaux faiblement hydraulique de Grenoble, cuite à l'anthracite....	11 mois.	Point de fissures après 10 mois.	Point de fissures après 10 mois.	Intérieur très-amaigri et sans consistance, révélé par l'autopsie.
10	0,44	A chaux artificielle ordinaire de simple cuisson, à l'anthracite..,.....	8 mois.	Fissures après 22 jours.	Fissures après 15 jours.	Progrès très-rapides vers la ruine, après l'apparition des premières fissures.
»	0,44	A chaux artificielle de simple cuisson avec argile pure constituée en bisilicate. Cuisson à l'anthracite..........	2 mois.	Fissures et crevasses après 20 jours.	Non fait.	Désorganisation complète en très-peu de temps.
11	0,44	A chaux artificielle exclusivement siliceuse, de simple cuisson au four à gaz.........	2 mois 25 jours.	Point de fissures après 10 mois.	Point de fissures après 10 mois.	Les fissures ne se sont montrées que 17 mois après la contre-épreuve et les progrès vers la ruine ont été lents.
15	0,34	A chaux grasse rendue hydraulique par adjonction de ciment........	6 mois.	Fissures après 100 jours	Fissures après 100 jours.	Progrès rapides vers la ruine après l'apparition des premières fissures.

APPENDICE.

OBSERVATIONS

SUR LA DESTRUCTION

DES BÉTONS A TRAASS ET A POUZZOLANE DE ROME

AU CONTACT DE L'EAU DE MER.

L'histoire des travaux maritimes exécutés sur les côtes de France, avant 1842, ne faisait mention d'aucun désastre de la nature de ceux que l'on a eu à déplorer depuis, par la ruine inattendue de certaines maçonneries à peine terminées et par la difficulté toujours croissante de lutter avec succès contre l'action décomposante des sels de l'eau de mer. Quelques ingénieurs, par suite, en sont venus à proclamer que nos prédécesseurs connaissaient mieux que les ingénieurs de la génération actuelle la vraie composition qui rend les mortiers marins indestructibles.

D'autres n'ont vu la cause des avaries que dans l'oubli d'un procédé qu'il faudrait, selon eux, indispensablement remettre en vigueur, bien qu'aucun document historique n'établisse qu'il ait jamais été pratiqué dans le but qu'ils croient pouvoir atteindre par ce moyen. On comprend qu'il s'agit des digestions proposées par MM. Rivot et Chatoney, procédé que nous expérimentons en ce moment sur la pouzzolane de

Rome, et qui, jusqu'à ce jour, ne nous promet rien d'extraordinaire ni de bon.

Peut-on supposer d'ailleurs, bien que cela soit possible, que la pouzzolane de Rome et le traass aient perdu une partie notable de leur ancienne énergie? Et n'est-il pas plus naturel de s'en prendre à d'autres causes en constatant que ces matériaux, les seuls qu'on employât au commencement de ce siècle dans les ports de mer, n'y fonctionnaient que dans des massifs de maçonnerie protégés contre l'action saline par des revêtements en pierre de taille, com.ne murs de quai, écluses, etc. ; tandis qu'aujourd'hui, par suite des innovations introduites dans la construction des grandes jetées en blocs artificiels, il est indispensable que le mortier employé à leur confection résiste par lui-même, c'est-à-dire *nu*, non-seulement au contact de l'eau salée, mais aussi aux coups de mer et à toutes les intempéries du large? Il nous paraît donc utile de rectifier les idées à ce sujet, en montrant, par des exemples irréplicables, la différence que cette dernière destination apporte à la durée de ces mortiers. Il ne serait pas juste, en effet, de ne tenir aucun compte de ces difficultés toutes nouvelles pour faire honneur à nos devanciers d'un savoir qu'ils ne possédaient pas.

RENSEIGNEMENTS TIRÉS DU PORT D'ALGER.

Un des meilleurs Mémoires qui aient paru dans le temps sur les travaux à la mer exécutés à Alger est, sans contredit, celui où M. l'ingénieur en chef Ravier discute les chances de conservation et de durée du môle, des quais, etc. (*v*). On y trouve deux conclusions capitales d'une haute importance; savoir : « 1° Que la pouzzolane de

---

(*v*) *Annales des ponts et chaussées*, de juillet et août 1851, pages 77, 34, 35 et 38.

« Rome est, contrairement à ce que l'on a cru jusqu'à ce jour (1854),
« incapable de fournir avec la chaux grasse des mortiers résistant *par*
« *eux-mêmes* à l'action saline; 2° que la conservation de ces mortiers
« peut dépendre de la situation des ouvrages auxquels ils sont em-
« ployés dans un même port ou une même rade.

« On trouve aussi qu'il n'y a rien à gagner à remplacer la chaux
« grasse par la chaux du Theil. »

RENSEIGNEMENTS TIRÉS DES EXPÉRIENCES DE MARSEILLE.

Nous les devons à M. Pascal, ingénieur en chef des travaux des
nouveaux ports.

D'après cet habile observateur : « Les échantillons confectionnés
« selon les proportions de sable, chaux et pouzzolane introduites à
« Alger par M. Poirel, étant immergés dans une excavation creusée
« au milieu de la jetée du large du port de la Joliette en *commu-*
« *nication avec la mer libre* ont tous été décomposés.

« Il en a été de même des échantillons où la chaux du Theil en
« poudre a remplacé la chaux grasse.

« Un massif de béton à pouzzolane de Rome servant de fondation à
« la tour du Canoubier construite en 1839, après avoir subi des avaries
« à trois reprises différentes, a dû être démoli en partie en 1854 et
« réparé en ciment : les avaries ont commencé par le bas, où la végé-
« tation implantée sur le béton était faible, comparée à celle des
« parties supérieures respectées.

« D'autres exemples ont fait voir, contrairement, qu'il est des mor-
« tiers que d'abondantes végétations sous-marines n'ont pas garantis
« de la destruction. »

92

L'heureux parti que M. l'inspecteur général Noël a tiré de la pouzzolane de Rome, pour la construction du 3me bassin de radoub à Toulon, n'a rien laissé à désirer ; mais il est à regretter qu'on n'en puisse rien conclure de contraire aux observations qui précèdent, attendu que le béton qui en forme les massifs s'y trouve garanti de l'action saline par des revêtements en pierres de taille. Il est vrai qu'on peut voir encore au fond de la darse des parties bétonnées bien conservées quoique *nues*; mais les sources abondantes qui sourdent du fond ne permettent pas de prononcer sur la cause de cette conservation ; toutefois, dans des circonstances identiques, il n'y aurait pas de meilleur exemple à suivre que celui qu'a donné M. Noël.

Si, maintenant, des eaux de la Méditerranée, réputées, à tort ou à raison, moins actives que celles de l'Océan, nous passons aux exemples que vont nous fournir les travaux exécutés sur la Manche, où le traass a aussi été essayé, nous arrivons aux faits suivants garantis par M. l'ingénieur Garnier, savoir :

« Qu'autour du fort Boyard des blocs de défense, composés par
« volumes égaux de sable, de pouzzolane et de chaux faiblement
« hydraulique en pâte, immergés en 1845, ont commencé à donner
« des signes de dégradation en 1857, après douze ans ;

« Qu'un massif de maçonnerie, bâti au pied du fort avec les mêmes
« éléments et en mêmes proportions, a été fortement attaqué après
« dix-huit mois, et ensuite promptement détruit ;

« Que des blocs qui ne différaient des précédents qu'en ce sens que
« le traass y remplaçait la pouzzolane, attaqués après cinq ans d'im-
« mersion, étaient fort altérés après douze ans et marchaient vers une
« destruction prochaine. »

M. Garnier fait remarquer que la perfection des mélanges, la finesse de la pouzzolane et la diversité des proportions n'avaient pas abouti à de meilleurs résultats dans le laboratoire ; on sait, d'autre part, que l'emploi du traass n'a pas réussi au Havre ; or, bien qu'il soit permis d'attribuer à de mauvaises proportions, à l'état de poudre grossière (x) de la pouzzolane employée, et à l'imperfection des mélanges au tonneau et au manége, la facilité que l'action saline éprouve à attaquer des combinaisons incomplètes, nous doutons qu'après les exemples

---

(*x*) Nous avons trouvé sur un volume de pouzzolane telle qu'elle arrive de Rome, sur nos ports, pulvérisée et blutée par le procédé Poirel, savoir :

	Volumes.
Poudre fine quoique à un moindre degré que le ciment.	0 35
Id. comparable au sable ordinaire de 1 millim. et 1/10 de grosseur moyenne	0 21
Id. à un gros sable de 2 à 3 millimètres — *idem.*	0 33
Id. comparable au petit gravier de 4 à 5 millimètres *idem.*	0 11
Volume total	1 00

Si à un mètre cube d'une telle pouzzolane, pesant 1,090 kil., on donne 1/5 de son poids de chaux grasse vive ou 218 kil., les 218 kil. devront donc être neutralisés par 381 kil. de poudre pouzzolanique fine seulement, ou par 400 kil. au plus, en tenant compte de l'effet des parties grossières, qui généralement se comportent d'une manière passive, ce qui change de suite le rapport rationnel de 20 kil. de chaux caustique à 100 kil. de pouzzolane en 51^k50 à 100^k ; qu'est-ce donc lorsque, sans modifier ces proportions, on opère sur la même pouzzolane mêlée d'un volume de sable égal au sien ?

Les praticiens répondront qu'en observant les dosages mathématiques on ne pourrait lier les matières qu'à force d'eau, encore difficilement, ce qui est vrai, mais nous ferons observer aussi que ces difficultés disparaîtraient si l'on n'employait que de la pouzzolane pulvérisée sous des meules horizontales, comme le ciment. C'est ainsi qu'en proscrivant le sable des gangues gâchées d'ailleurs en bonnes proportions et ne les exposant à l'action saline qu'après au moins quatre mois de solidification en vases clos, elles ont pu très-bien y résister depuis dix ans dans nos dissolutions étendues de sulfate de magnésie ; toutefois, les soins particuliers que permet le laboratoire seraient difficilement observés en pratique, où l'on fait comme on peut et non comme on veut.

que l'on vient de citer d'une destruction tantôt très-tardive, tantôt très-prompte, des mortiers dont la pouzzolane ou le traass constitue l'élément essentiel, on osât confier à ces matériaux la destinée de travaux importants, exposés aux mêmes chances de périls que ceux dont nous venons de signaler l'insuccès. Or, ici ce n'est point le laboratoire qui a parlé, mais la mer libre, dont on a si obstinément, en dernier lieu, invoqué le témoignage comme seul valable en faveur de ces matériaux ; elle s'est expliquée catégoriquement après quelques mois comme après plusieurs années ; elle a mis à néant toutes les objections tirées de la durée de certaines maçonneries remplissant des fonctions qui n'avaient rien de commun avec celles des blocs de nos digues ; elle nous a définitivement forcé de demander à la chimie si elle pourrait nous indiquer des composés nouveaux, naturels ou artificiels, n'ayant besoin ni d'encroûtements madréporiques ou coquilliers, ni d'enveloppes végétatives pour se maintenir intactes en mer libre.

On a pu voir à quel point elle a résolu le problème, d'abord par l'emploi de ciments d'une catégorie particulière (52), ensuite par les pouzzolanes résultant de la cuisson modérée des argiles réfractaires pures et de quelques argiles ocreuses appartenant à des formations géologiques spéciales (33-34). Le premier moyen est immédiatement réalisable, le second attend encore un procédé de cuisson dont on ne paraît guère se préoccuper.

Le premier moyen n'a, il est vrai, pour garantie de succès, que des épreuves de laboratoire, justifiées par leur accord remarquable avec des faits observés en mer libre, faits qui promettent une durée incomparablement plus longue qu'aucune de celles qu'ont pu atteindre jusqu'à ce jour les meilleures gangues à pouzzolanes volcaniques (y) ;

(y) Ces exemples de durée sont tirés de l'emploi des ciments de Medina à Cherbourg, de Nine-Elms au fort Boyard, et de Zumaya au port de Saint-Sébastien, en Espagne, ciments dont les indices sont compris entre 0,90 et 0,97.

Il ne faut pas oublier que ces ciments et leurs analogues ne peuvent, à

mais cette durée sera-t-elle indéfinie, autant du moins que les ouvrages de mains d'homme puissent l'être? La tendance incessante du temps à donner satisfaction aux affinités chimiques qui cherchent à s'équilibrer laisse à l'avenir à répondre à cette question. Mais il n'en est plus de même des garanties qu'offrent les combinaisons de chaux grasse et de pouzzolane d'argiles pures, car c'est la mer elle-même qui se charge de leur conservation par le pouvoir qu'elle a de les rendre indestructibles en les transformant (33-34) en combinaisons nouvelles sans en altérer physiquement ni la dureté, ni le volume, ni la forme.

Dans l'emploi des ciments, la surveillance devra s'exercer sur deux points importants qui mettraient l'analyse en défaut pour la vérification des indices de stabilité savoir : 1° Sur la présence d'une quantité notable d'acide carbonique par le fait d'une imparfaite cuisson ou d'un éventement, car les indices calculés, dans ce cas, ne représenteraient plus ceux qui appartiennent à l'état normal des mêmes ciments, c'est-à-dire à leur cuisson complète; 2° de plus, sur leur défaut d'homogénéité que l'analyse ne saurait révéler et qui n'empêcherait pas la composition moyenne d'un mauvais ciment de correspondre à un bon indice de stabilité. L'exploration des carrières d'où proviennent les pierres exploitées pour ledit ciment serait le seul moyen de constater la limite des écarts à craindre sous ce rapport.

On a pu, avec des soins dans la perfection des mélanges, dans la finesse de la pouzzolane et dans la justesse des proportions, obtenir dans le laboratoire des échantillons de gangues pouzzolaniques qui ont résisté, et résistent encore depuis fort longtemps, aux dissolutions étendues de sulfate de magnésie ; mais il ne faudrait pas compter sur la

---

raison de la faiblesse de leur première prise, être convenablement employés qu'à la fabrication des blocs qu'on ne lance à la mer qu'après un certain temps, lorsqu'ils ont acquis la résistance commandée par cette manœuvre. Employés en coulis ou immédiatement immergés dans une mer clapoteuse ou agitée, ils y perdraient leur consistance sans que l'action saline y fût pour rien.

possibilité de ces soins en pratique. Quiconque a fréquenté les chantiers, a dû remarquer avec quelle peine on obtient, en fait de mortiers, une confection à peine passable, soit à mains d'homme, soit à l'aide du manége ou du tonneau, seules machines à broyer imaginées jusqu'à ce jour; l'emploi des ciments écarte toutes ces difficultés ; tout se réduit à un dosage d'eau et de ciment dont le mélange est infailliblement homogène.

Doit-on compter sur l'effet des digestions proposées comme moyens de grandes améliorations dans les composés hydrauliques en général? Nous ne le pensons pas, trop d'observations s'y opposent ; nous allons en citer quelques-unes :

EXEMPLES SUR LES CIMENTS.

Un ciment ordinaire, constitué *théoriquement* en silicate et aluminate de chaux, parvenait, après un mois de gâchage et d'immersion, à une ténacité ou cohésion par centimètre carré égale à....... 5^k 71

Le même ciment, mêlé et gâché avec la moitié de son poids de ciment de Portland, parvenait dans les mêmes circonstances à.. 8^k 56

Le même, avec la moitié de son volume de Portland, à.. 12^k 00

Le même, enfin, avec un volume de Portland égal au sien , à.. 14^k 35

Or, non-seulement nous n'avons rien remarqué d'irrégulier dans la marche toujours *ascendante* de la cohésion de ces mélanges, mais après trois ans ils avaient conservé à très-peu près l'ordre respectif de supériorité observé ci-dessus (z).

(z) Ces expériences avaient été entreprises, il y a quelques années, dans un tout autre but que la vérification du système de digestion dont on ne parlait pas à

Cependant, d'après la théorie des digestions, les parties du ciment de Portland constituées en silicate double d'alumine et de chaux auraient dû, en se dédoublant pour se reconstituer en silicate et aluminate de chaux et produire ainsi l'homogénéité des masses, provoquer des manifestations contraires à la régularité des progrès ascendants de la cohésion. Or, rien d'appréciable, en fait de perturbation dans cette marche ascendante, n'a été observé.

EXEMPLES SUR LES COMBINAISONS DE CHAUX *grasses* ET DE POUZZOLANE (*aa*).

Nous avons mis 500 grammes de pouzzolane de Rome, réduite en poudre très-fine et humectée de 100 parties d'eau en digestion avec 119 parties de chaux grasse éteinte en poudre par immersion, et tenant en cet état 100 parties de chaux vive, le tout formant une poudre légèrement humide, mais non susceptible de liaison; cette poudre, tassée dans des bocaux hermétiquement clos, y est restée deux mois, après lesquels on l'a gâchée avec le plus grand soin, avec addition d'eau, pour en former de petites briques qu'on a immergées quand leur consistance l'a permis, les unes en eau douce, les autres en eau de mer; des parties réservées ont subi l'immersion immédiate.

On a fabriqué en même temps, par le procédé ordinaire, avec la même chaux, mais éteinte en pâte, et la même pouzzolane, des échantillons correspondants aux précédents et soumis aux mêmes épreuves; la comparaison entre les deux séries d'échantillons a cons-

---

cette époque. Si l'on objectait que le dédoublement ne s'effectue qu'insensiblement et dure fort longtemps et que c'est dans le cours de ce travail intime que la dislocation des mortiers s'opère, nous ferions remarquer qu'elle devrait aussi avoir lieu en eau douce où rien de pareil n'a jamais été observé.

(*aa*) Ces expériences ont été entreprises comme vérification directe du système.

tamment été, depuis dix mois qu'elle dure, en faveur du procédé ordinaire; les mélanges, dans ce dernier cas, ont fait prise sous l'eau en
47 heures, et dans le cas de digestion, en 70 heures seulement, les
cohésions acquises de part et d'autre, mesurées de mois en mois par
l'enfoncement du foret, ont donné en faveur du procédé ordinaire un
avantage moyen de 25 p. % (100 contre 75). Avantage que nous
n'attribuons cependant qu'à la plus grande intimité des mélanges par
la plus grande finesse de la chaux. Ajoutons que le cas de digestion a
donné beaucoup de peine pour faire disparaître du mélange les nombreux points blancs dus à l'emploi de la chaux éteinte en poudre, ce
qu'on n'obtiendrait jamais d'une manipulation en grand. Ce n'est
donc pas trop s'aventurer que de dire qu'il n'y a aucune amélioration
à attendre du procédé des digestions appliqué à des matériaux bien
préparés.

Nous ne trouvons rien dans Pline ni dans Vitruve qui nous fasse entrevoir que, de leur temps, les Romains connussent l'action destructive
de l'eau de mer sur les mortiers; c'est probablement au silence de
ces auteurs sur ce fait remarquable, joint à l'opinion exagérée des
modernes sur l'excellence et la supériorité des constructions romaines,
que paraît s'être accréditée cette fable d'un secret perdu; on s'est
passionné de tout temps pour les ruines romaines, sans prendre la
peine de les étudier et sans se demander si, le plus souvent, les vestiges de travaux à la mer supposés Romains ne seraient pas des
restaurations dont l'histoire a négligé de faire mention.

Nous avons eu occasion déjà de discuter l'invraisemblance de toutes
les hypothèses des érudits et d'en montrer l'exagération; cette fois ce
sera un véritable Romain qui nous viendra en aide pour en finir avec
ce prétendu secret : nous empruntons ce qui suit à Frontin, dans
son *Histoire des aqueducs de la ville de Rome* (bb).

(bb) Frontin (*Sextus Julius prœtor urbanus*), traduction de Bailly ; édition de
Panckouke, pages 371, 373, 379, 467 et 469.

« Ce fut l'an 441 de la fondation de Rome que le premier aque-
« duc y amena l'eau Appia ; jusqu'alors les Romains s'étaient
« contentés pour leur usage des eaux du Tibre, des puits ou des
« sources.

« Un second aqueduc amenait à Rome l'eau de l'Anio, l'an 481,
« et en 608 cet aqueduc et le précédent étaient déjà menacés de
« ruine par leur vétusté (*vetustate quassati*). Il s'était écoulé, pour
« le premier, cent soixante-sept ans depuis sa construction, et cent
« vingt-sept pour le second.

« Cette même année 608, l'eau Marcia arrive à Rome, et, en
« 719, après cent onze ans, son aqueduc et les deux précédents
« tombaient en ruine (*pene dilapsæ*). Agrippa les fit restaurer. »

Ainsi, de ces trois aqueducs aucun ne put atteindre un siècle
et demi dans un état d'intégrité suffisant à son service.

Il faut savoir maintenant toute l'importance que les habitants de
Rome attachaient à l'arrivée de ces eaux, et tous les efforts des
consuls et des empereurs pour les en pourvoir plus abondamment,
en en triplant plus tard le volume, pour comprendre qu'on devait
apporter à la construction des aqueducs toute la science pratique
de l'époque, et l'on vient de voir à quoi elle aboutissait.

Cette science pratique, Frontin la révèle tout entière, « en
insistant sur l'exécution des règlements en vigueur, lesquels pres-
crivaient, sans autre indication, de ne bâtir en maçonnerie qu'à
partir des calendes d'avril jusqu'en novembre, en s'abstenant pendant les ardeurs de l'été ! » Chez nous il n'y a pas d'interruption ;
mais, en bonne pratique, on arrose de temps en temps les maçonneries pendant les grandes chaleurs : c'est toute la différence ; et si,
après ces citations, on continue à prétendre que les Romains em-
ployaient *les digestions*, on devra en conclure que ce procédé était
mauvais, car les vieux remparts, les vieilles murailles de nos châteaux
du moyen-âge ont subsisté bien plus longtemps que les aqueducs
romains, et quand il a fallu les détruire pour faire place à d'autres

constructions, on a dû employer la poudre, et cependant les maçons de cette époque ne connaissaient pas les *digestions*.

Comment n'a-t-on pas compris, en y réfléchissant un peu, qu'un procédé aussi vulgaire que l'est la fabrication du mortier, pouvait d'autant plus difficilement s'oublier, qu'on n'a jamais cessé de bâtir en Italie, même dans les temps de barbarie et d'invasion ; car, fallait-il bien se loger de nouveau après les dévastations. La tradition pratique des procédés ne pouvait donc se perdre; elle se transmettait de maçon à maçon, à moins de supposer l'extermination entière par les barbares des ouvriers de cette profession, ce qui est hors de toute vraisemblance.

TABLE DES MATIÈRES.

PREMIÈRE PARTIE.

SECONDE PARTIE.

TROISIÈME PARTIE.

PREMIER CAS : *Par les proportions de chaux.*

DEUXIÈME CAS : *Par adjonction de silice à l'état semi-gélatineux.*

TROISIÈME CAS : *Par l'emploi de chaux dolomies.*

RÉSUMÉ ET CONCLUSIONS.

FIN DE LA TABLE.

GRENOBLE,
IMP. MAISONVILLE,
rue du Quai

www.ingramcontent.com/pod-product-compliance
Ingram Content Group UK Ltd.
Pitfield, Milton Keynes, MK11 3LW, UK
UKHW022242120726
13694UKWH00003B/937